中性点接地方式
と故障現象

新田目 倖造 著

「d-book」
シリーズ

http://euclid.d-book.co.jp/

電気書院

凡 例

本書の記号は，原則として次の例によった．
(a) 単位は，〔m〕，〔kg〕，〔s〕などのMKS有理系を用いる．
(b) 瞬時値を表わすには，v, i などの小文字を用いる．
(c) 実効値を表わすには，V, I などの大文字を用いる．
(d) ベクトル量を表わすには，$\dot{V}$, $\dot{I}$ などを用いる．
(e) 角を表わすには，α, θ, δ などのギリシャ文字を用いる．（別表）
(f) 単位を表わす略字を記号文字の後に使用するときは，V〔kV〕，I〔A〕などとかっこを付する．
(g) 実用上重要と思われる数式，図面には＊印を付する．

別表 ギリシャ文字の読み方

大文字	小文字	読み方	大文字	小文字	読み方
A	α	アルファ	N	ν	ニュー ・ヌー
B	β	ベータ ・ビータ	Ξ	ξ	・クサイ ・グザイ
Γ	γ	ガンマ	O	o	オミクロン
Δ	δ	デルタ	Π	π	・パイ
E	ε	・イプシロン	P	ρ	ロー
Z	ζ	・ジータ	Σ	σ	シグマ
H	η	・イータ	T	τ	タウ ・トー
Θ	θ	・シータ	Υ	υ	・ウプシロン
I	ι	・イオタ	Φ	ϕ, φ	・ファイ
K	κ	カッパ	X	χ	・カイ
Λ	λ	・ラムダ	Ψ	ψ	・プサイ
M	μ	ミュー ・ムー	Ω	ω	・オメガ

（注）通信工学ハンドブック（電気通信学会，丸善，昭32.7）による．
　　・印は，おもに英語風な読み方のなまった通称．

目　次

1　中性点接地方式と健全相電圧上昇

 1・1　中性点接地方式の分類 ……………………………………………… 1

 1・2　地絡時の健全相電圧上昇 ……………………………………………… 3

2　非接地系統の故障現象

 2・1　1線地絡時の電圧・電流 ……………………………………………… 7

 2・2　非接地系統の異常電圧 ……………………………………………… 10

 2・3　中性点残留電圧 ……………………………………………………… 12

3　高抵抗接地系統の故障現象

 3・1　1線地絡時の電圧・電流 ……………………………………………… 16

 3・2　1線地絡時の故障点健全相電圧 ……………………………………… 19

 3・3　1線地絡時の遠方点健全相電圧 ……………………………………… 21

4　消弧リアクトル接地系統の故障現象

 4・1　対地充電電流の補償 …………………………………………………… 26

 4・2　1線地絡時の電圧・電流 ……………………………………………… 31

 4・3　故障点回復電圧 ………………………………………………………… 33

 4・4　消弧リアクトルの共振現象 …………………………………………… 36

 4・5　変圧器二次側移行電圧 ………………………………………………… 39

 4・6　微地絡現象 ……………………………………………………………… 42

 4・7　断線時の異常電圧 ……………………………………………………… 45

5　直接接地系統の故障現象

 5・1　有効接地条件 …………………………………………………………… 50

 5・2　故障電圧・電流分布 …………………………………………………… 52

6　多回線併架送電線の異常電圧

- 6・1　静電誘導電圧 …………………………………………………………… 53
- 6・2　異系統併架消弧リアクトル系統の共振 …………………………………… 54
- 6・3　電磁誘導電圧 …………………………………………………………… 58
- 6・4　異系統混触時の異常電圧 ………………………………………………… 60

1 中性点接地方式と健全相電圧上昇

1・1 中性点接地方式の分類

　発電所や変電所の変圧器の中性点は接地することが多い．これは，電力系統における地絡故障時の異常電圧を防止するとともに，保護継電器によって地絡故障電圧・電流を検出して故障区間を自動選択遮断し，電力機器の損傷と事故波及を防止するためである．

<u>中性点接地方式</u>　わが国で採用されている電力系統の中性点接地方式としては，主に次のようなものがある．（表1・1）

<u>非接地方式</u>　**(1) 非接地方式**
　どの変圧器の中性点も接地しない方式で，33kV程度以下の比較的低電圧，小規模
<u>非接地系統</u>　系統で採用されることがある．非接地系統（ungrounded system）が拡大すると，地絡事故時に異常電圧が発生したり，地絡保護継電器の高速確実な動作が期待できなくなるおそれがある．小規模非接地系統の1線地絡は自然消弧することが多いが，

表 1・1　中性点接地方式の比較

接地方式	わが国の主な適用電圧階級	特　徴
(a) 非接地	33kV以下	○健全相電圧最高，系統拡大に伴い異常電圧発生 ○地絡電流小，地絡保護継電器の適用難 ○通信線電磁誘導小 ○1線地絡故障は自然消弧の可能性大
(b) 高抵抗接地	154kV以下	○健全相電圧高，中性点抵抗により異常電圧抑制 ○中性点抵抗値により地絡電流設定 　高感度地絡保護継電器の適用可 ○通信線電磁誘導は非接地より大
(c) 消弧リアクトル接地 　　{ c₁ 並列抵抗あり 　　　 c₂ 並列抵抗なし	110kV以下	○健全相電圧高，直列共振などによる異常電圧は，並列抵抗により抑制 ○地絡電流小，並列抵抗電流により高感度地絡保護継電器の適用可 ○通信線電磁誘導小
(d) 直接接地	187kV以上	○健全相電圧低，異常電圧の発生最小 ○地絡電流大，地絡保護継電器動作確実 ○通信線電磁誘導大，故障区間高速遮断により継続時間短縮

11kVで線路延長160km（対地充電電流約7A），69kVで同40km（同10A）程度以上になると満足な自然消弧はむずかしいという文献もある．※

(2) 高抵抗接地方式

地絡事故時の異常電圧を防止し，地絡保護継電器を確実に動作させるために，変圧器の中性点を抵抗を通して接地する方式（resistance-grounded system）で，11〜154kV系統に採用される．11〜154kV系統の地絡時の中性点抵抗電流は通常数10A〜数100A程度であるが，特に数100A程度以上の場合を低抵抗接地と呼ぶことがある．また，地中線系統などでは，対地充電電流を補償するために中性点補償リアクトルを併用することがある．

(3) 消弧リアクトル接地方式

これは，変圧器の中性点を消弧リアクトル（arc-suppression coil）または発明者Petersen教授（独）にちなんで，ペテルゼン・コイル（略称 PC，ペコ）と呼ばれる空隙付の鉄心リアクトルを通して接地する方式（resonant-grounded system）である．消弧リアクトルによって対地充電電流を補償して地絡故障点電流をほとんど零とし，故障アークを自然に消弧させることを目的とする方式で，110kV以下の系統に採用されている．

さらに異常電圧を防止し，保護継電器による故障区間の選択を確実にするために，消弧リアクトルと並列に中性点抵抗を併用する「並列抵抗投入方式」が採用されることが多い．

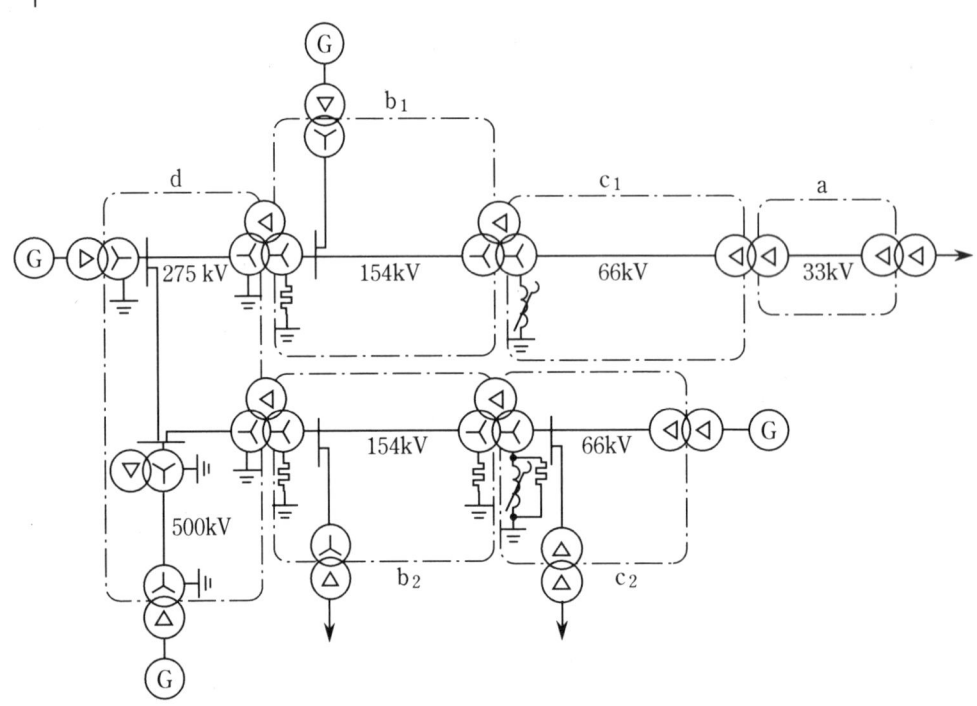

a：非接地系統，b_1, b_2：高抵抗接地系統，c_1, c_2：消弧リアクトル接地系統，d：直接接地系統

図 1・1　接地系統の例

※　Westinghouse : Electrical Transmission and Distribution Reference Book, chap19, p.650 (1950)

直接接地方式

(4) 直接接地方式

変圧器の中性点を直接，接地する方式で，187～500kVの超高圧以上の系統ではすべてこの方式が採用されている．

高インピーダンス接地方式

このうち(1)～(3)は高インピーダンス接地方式と呼ばれる（ただし，(2)の低抵抗接地は高インピーダンス接地に入れないこともある）．

零相電流

零相電流は，Y△結線またはYY△結線などの絶縁変圧器を通過できない．たとえば，図1・1で，154kV b₁系統1線地絡時の零相電圧・電流は，その154kV系統内に限定され，275kV，66kV系統，154kV b₂系統など変圧器で絶縁された他の系統には現れない．このように，1線地絡時に零相電圧・電流の発生する範囲，すなわち，絶縁変圧器で囲まれた範囲の系統は，「接地系統」と呼ばれる．図1・1は6つの接地系統か

接地系統

らなる．接地系統は電圧階級ごとに分けられることが多いが，同図の500kV，275kV系統のように，単巻変圧器で連系され，電圧階級が異なっても同一の接地系統に属することもある．

一つの接地系統の規模は，その系統の送電線の総亘長または対地充電電流の合計値で表されることが多い．

1・2　地絡時の健全相電圧上昇

健全相電圧上昇

(1) 1線地絡時の健全相電圧上昇

故障点からみた系統の対称分インピーダンスを$\dot{Z}_0$，$\dot{Z}_1$，$\dot{Z}_2$とすると，a相1線地絡時のb，c相電圧は，

$$\dot{V}_b = \frac{(a^2-1)\dot{Z}_0 + (a^2-a)\dot{Z}_2}{\dot{Z}_0 + \dot{Z}_1 + \dot{Z}_2}\dot{E}_a \tag{1・1}$$

$$\dot{V}_c = \frac{(a-1)\dot{Z}_0 + (a-a^2)\dot{Z}_2}{\dot{Z}_0 + \dot{Z}_1 + \dot{Z}_2}\dot{E}_a \tag{1・2}$$

$\dot{E}_a$：故障前のa相電圧，$a = -\frac{1}{2} + \frac{j\sqrt{3}}{2}$

ここで，$\dot{Z}_0 = R_0 + jX_0$，$\dot{Z}_1 = R_1 + jX_1 = \dot{Z}_2$とおくと

$$\begin{aligned}V_b{}^2 &= \frac{\left|\left(-\frac{1}{2}-\frac{j\sqrt{3}}{2}-1\right)(R_0+jX_0) - j\sqrt{3}(R_1+jX_1)\right|^2}{\left|R_0+jX_0+2(R_1+jX_1)\right|^2}E_a{}^2 \\ &= \frac{\left\{\left(-\frac{3}{2}R_0+\frac{\sqrt{3}}{2}X_0+\sqrt{3}X_1\right)^2+\left(\frac{\sqrt{3}}{2}R_0+\frac{3}{2}X_0+\sqrt{3}R_1\right)^2\right\}E_a{}^2}{(R_0+2R_1)^2+(X_0+2X_1)^2}\end{aligned}$$

$$\tag{1・3}$$

1 中性点接地方式と健全相電圧上昇

$$V_c{}^2 = \frac{\left|\left(-\frac{1}{2}+\frac{j\sqrt{3}}{2}-1\right)(R_0+jX_0)+j\sqrt{3}(R_1+jX_1)\right|^2}{|R_0+jX_0+2(R_1+jX_1)|^2}E_a{}^2$$

$$= \frac{\left\{\left(\frac{3}{2}R_0+\frac{\sqrt{3}}{2}X_0+\sqrt{3}X_1\right)^2+\left(\frac{\sqrt{3}}{2}R_0-\frac{3}{2}X_0+\sqrt{3}R_1\right)^2\right\}E_a{}^2}{(R_0+2R_1)^2+(X_0+2X_1)^2}$$

(1・4)

これより

零相インピーダンス

$$V_c{}^2 - V_b{}^2 = \frac{6\sqrt{3}R_0R_1\left(\dfrac{X_1}{R_1}-\dfrac{X_0}{R_0}\right)E_a{}^2}{\left\{(R_0+2R_1)^2+(X_0+2X_1)^2\right\}}$$

(1・5)

ここで通常, $X_1>0$, R_0, $R_1>0$ である.

非接地系統や高抵抗接地系統では, 零相インピーダンスは容量性で $X_0<0$ であるから $V_c>V_b$ となる. 直接接地系統では通常, $\dfrac{X_1}{R_1}>\dfrac{X_0}{R_0}$ であるから $V_c>V_b$ となる. また消弧リアクトル接地系統では $Z_0\gg Z_1$ であるから $V_c\fallingdotseq V_b$ となる. したがって接地方式にかかわらず

$$V_c \geqq V_b \qquad (1\cdot6)^※$$

健全相の過電圧

すなわち, a 相 1 線地絡時には, b 相よりも c 相(進み相)の電圧が高くなるため, 健全相の過電圧については, c 相を考えておけばよい.

通常 $R_1 \ll X_1$ であるから, R_1 を省略して $\dot{Z}_2=\dot{Z}_1=jX_1$ とし,

$$\frac{\dot{Z}_0}{\dot{Z}_1} \equiv m-jn = \frac{R_0+jX_0}{jX_1} = \frac{X_0}{X_1}-j\frac{R_0}{X_1} \qquad (1\cdot7)$$

ここに, $m=\dfrac{X_0}{X_1}$, $n=\dfrac{R_0}{X_1}$

とおけば, $\dot{V}_c$ の $\dot{E}_a$ に対する倍数 $\dot{K}_c$ は,

$$\dot{K}_c = \frac{\dot{V}_c}{\dot{E}_a} = \frac{(a-1)\dot{Z}_0+(a-a^2)\dot{Z}_2}{\dot{Z}_0+\dot{Z}_1+\dot{Z}_2}$$

$$= \frac{(a-1)\dfrac{\dot{Z}_0}{\dot{Z}_1}+a-a^2}{\dfrac{\dot{Z}_0}{\dot{Z}_1}+2}$$

$$= \frac{\left(-\dfrac{3}{2}+\dfrac{j\sqrt{3}}{2}\right)(m-jn)+j\sqrt{3}}{m-jn+2}$$

$$= \frac{\sqrt{3}}{2}\cdot\frac{(n-\sqrt{3}m)+j(\sqrt{3}n+m+2)}{m+2-jn} \qquad (1\cdot8)$$

1・2 地絡時の健全相電圧上昇

$$K_c{}^2 = \frac{3}{4} \cdot \frac{(n-\sqrt{3}\,m)^2 + (\sqrt{3}\,n + m + 2)^2}{(m+2)^2 + n^2}$$

$$= \frac{3(m^2 + n^2 + m + \sqrt{3}\,n + 1)}{m^2 + n^2 + 4m + 4} \qquad (1\cdot 9)$$

$(1\cdot 9)$式より, n をパラメータとして, m と c 相電圧倍数 K_c の関係を示すと**図1・2**となる. 同図と$(1\cdot 9)$式より次のことがいえる.

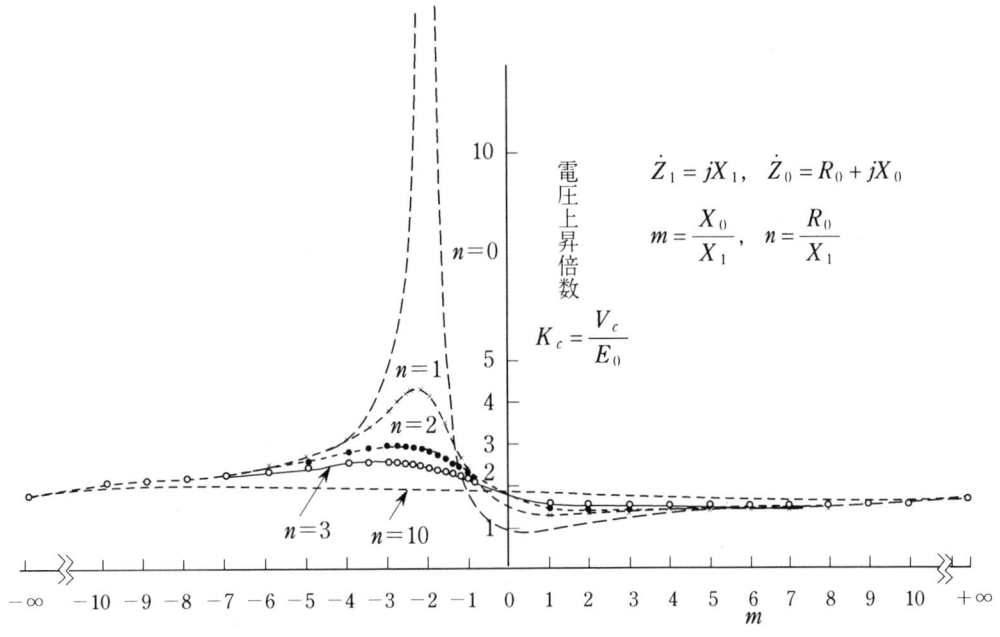

図1・2 1線地絡時の健全相電圧上昇図

(a) $m = \dfrac{X_0}{X_1} < 0$ の場合より $m > 0$ の方が電圧上昇が少ない. すなわち, 通常 $X_1 > 0$ であるから, 非接地系または高抵抗接地系のように, 零相インピーダンスが容量性で $X_0 < 0$ の場合より, 直接接地系のように誘導性で $X_0 > 0$ の方が電圧上昇が少ない.

共振状態　(b) $n = 0$, すなわち $R_0 = 0$ の場合は $m = -2$, すなわち, $X_0 + 2X_1 = 0$ 付近で共振状態となり大きな過電圧を生ずる. このとき$(1\cdot 1)(1\cdot 2)$式の分母が零に近づき, 地絡電流も大きくなる. この過電圧は R_0 の増加に伴って減少する.

(c) $m = \infty$, すなわち $|X_0| \gg |X_1|$ のときは, m の正負にかかわらず $K_c = \sqrt{3}$ となる.

2線地絡　**(2) 2線地絡時の健全相電圧上昇**
健全相電圧上昇　bc相2線地絡時のa相電圧は $\dot{Z}_1 = \dot{Z}_2$ とおいて,

$$\dot{V}_a = \frac{3\dot{Z}_0 \dot{Z}_2 \dot{E}_a}{\dot{Z}_0(\dot{Z}_1 + \dot{Z}_2) + \dot{Z}_1 \dot{Z}_2}$$

$$= \frac{3\dot{Z}_0 \dot{E}_a}{2\dot{Z}_0 + \dot{Z}_1} = \frac{3\dfrac{\dot{Z}_0}{\dot{Z}_1}\dot{E}_a}{2\dfrac{\dot{Z}_0}{\dot{Z}_1} + 1} = \frac{3(m - jn)\dot{E}_a}{2(m - jn) + 1} \qquad (1\cdot 10)$$

$$\therefore\quad K_a = \frac{V_a}{E_a} = 3\sqrt{\frac{(m^2+n^2)}{(2m+1)^2+4n^2}} \qquad (1\cdot 11)$$

これを図示すると**図1・3**となる．これより2線地絡時の健全相電圧上昇について，次の性質がわかる．

(a) 零相インピーダンスが容量性($m<0$)の場合よりも，誘導性($m>0$)の方が電圧上昇が少ない．

(b) $n=0$，すなわち$R_0=0$のときは$m=-\frac{1}{2}$，すなわち$2X_0+X_1=0$の付近で共振による大きな過電圧を生じるが，R_0の増加に伴って急激に減少する．

(c) $|X_0|\gg|X_1|$のときは$K_a=1.5$となる．

これらを図1・2と比べると，$m=-\frac{1}{2}$の共振点付近を除けば，全般に2線地絡時の電圧上昇は1線地絡時よりも低い．

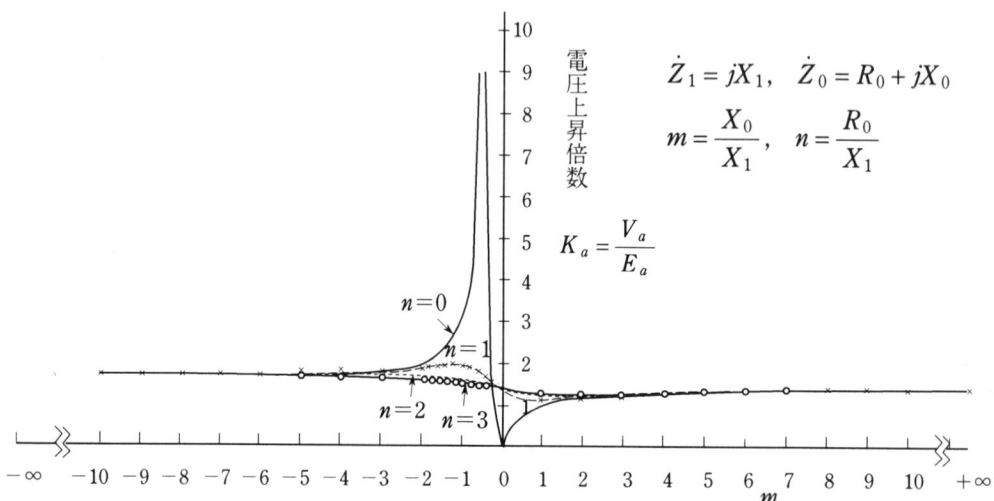

図1・3 2線地絡時の健全相電圧上昇図

2 非接地系統の故障現象

2·1 1線地絡時の電圧・電流

非接地系統
1線地絡時の
対称分等価回路

非接地系統の最も基本的な回路は，**図2·1**で表せる．この発電機は，上位電圧系統も含めて電源を一括表現したものである．1線地絡時の対称分等価回路は，**図2·2**で表せる．

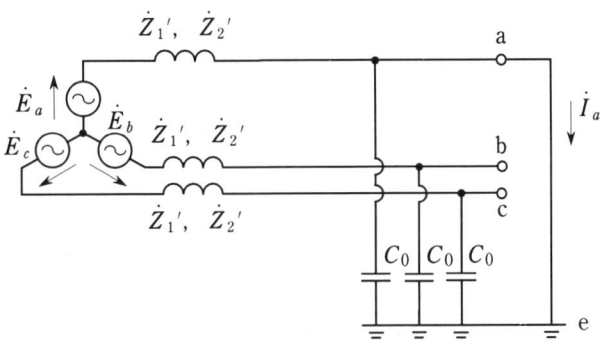

図2·1　非接地系統の1線地絡

対称分インピーダンスは，

$$\left. \begin{aligned} \dot{Z}_0 &= \frac{1}{j\omega C_0} \\ \dot{Z}_1 &= \frac{1}{\frac{1}{\dot{Z}_1'} + j\omega C_0} \fallingdotseq \dot{Z}_1' \quad \left(\because \ \frac{1}{Z_1'} \gg \omega C_0 \right) \\ \dot{Z}_2 &= \frac{1}{\frac{1}{\dot{Z}_2'} + j\omega C_0} \fallingdotseq \dot{Z}_2' \end{aligned} \right\} \quad (2·1)$$

ここに，$\dot{Z}_1'$, $\dot{Z}_2'$：発電機の正相，逆相インピーダンス

1線地絡時の対称分電圧・電流は，(注)

$$\begin{aligned} \dot{I}_0 &= \frac{\dot{E}_a}{\dot{Z}_0 + \dot{Z}_1 + \dot{Z}_2} \fallingdotseq \frac{\dot{E}_a}{\dot{Z}_0} \quad (\because \ Z_0 \gg Z_1, \ Z_2) \\ &= j\omega C_0 \dot{E}_a = \dot{I}_1 = \dot{I}_2 \end{aligned} \quad (2·2)$$

(注) 以下，対称分電圧・電流の基準相はa相とし，$\dot{V}_{a0}, \dot{V}_{a1}, \dot{V}_{a2}, \dot{I}_{a0}, \dot{I}_{a1}, \dot{I}_{a2}$ の基準相を表す添字aは省略する．

2 非接地系統の故障現象

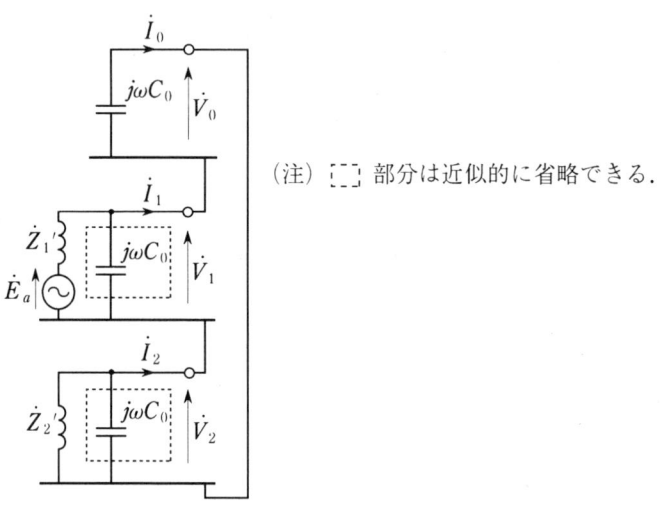

（注） ⬚ 部分は近似的に省略できる．

図 2・2 非接地系統の 1 線地絡時対称分等価回路

$$\dot{I}_a = 3\dot{I}_0 = 3j\omega C_0 \dot{E}_a \tag{2・3}*$$

$$\left.\begin{array}{l} \dot{V}_0 = -\dot{Z}_0 \dot{I}_0 \fallingdotseq -\dot{E}_a \\ \dot{V}_1 = \dot{E}_a - \dot{Z}_1 \dot{I}_1 \fallingdotseq \dot{E}_a \\ \dot{V}_2 = -\dot{Z}_2 \dot{I}_2 \fallingdotseq 0 \end{array}\right\} \tag{2・4}*$$

$$\left.\begin{array}{l} \dot{V}_a = -\dot{E}_a + \dot{E}_a = 0 \\ \dot{V}_b = -\dot{E}_a + a^2 \dot{E}_a = (a^2 - 1)\dot{E}_a \\ \dot{V}_c = -\dot{E}_a + a\dot{E}_a = (a - 1)\dot{E}_a \end{array}\right\} \tag{2・5}$$

非接地系 1線地絡現象

したがって各部の電流分布は図2・3(a)(b)，ベクトル図は図2・4となる．非接地系1線地絡現象の特徴は次のとおりである．

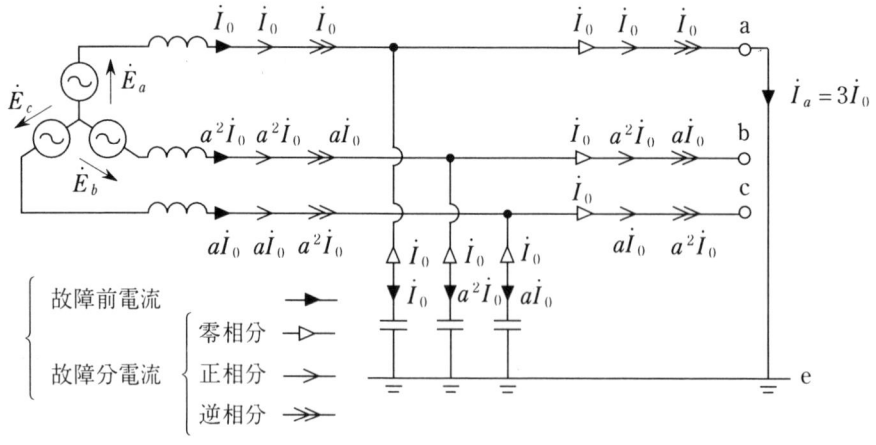

(a)

2·1 1線地絡時の電圧・電流

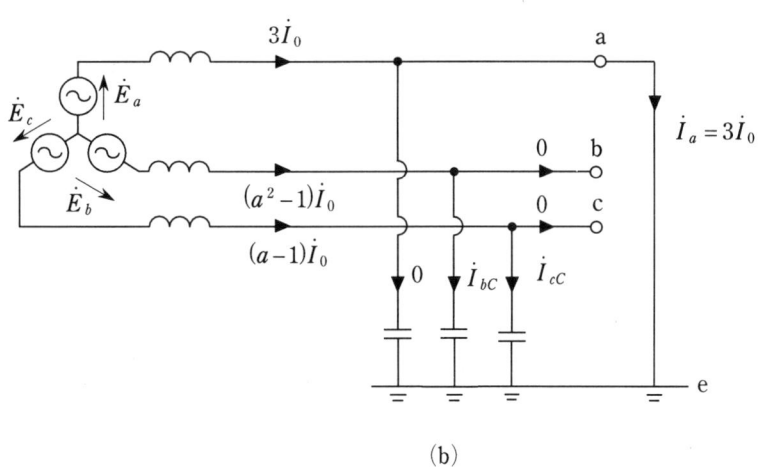

(b)

図2·3 非接地系統の1線地絡時対称分電流分布

1線地絡時 対称分電流分布

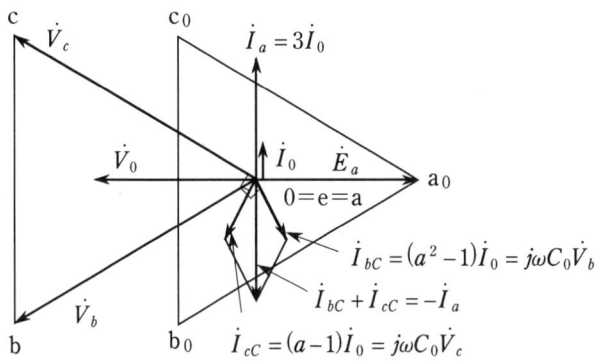

図2·4 非接地系統の1線地絡時ベクトル図
(△$a_0 b_0 c_0$：故障前電圧，△abc：故障時電圧)

1線地絡時 ベクトル図

(1) 地絡電流は送電線の3線一括対地充電電流 $3\omega C_0 E_a$ に等しい．
(2) 零相電圧は，ほぼ故障前故障相電圧と大きさが等しく逆位相である．
(3) 正相電圧は故障前とほとんど変わらず，逆相電圧はほとんど零となる．三相電圧三角形は故障前の三角形を $\dot{V}_0 = -\dot{E}_a$ だけ平行移動したものとほぼ等しい．

零相電流分布

図2·5に，非接地系統のF点1線地絡時の零相電流分布を示す．各送電線からは，その亘長にほぼ比例した零相分の対地充電電流が供給され，故障点に流れ込むことになる．非接地系統の送電線は通常，亘長が短いため，電圧はどの地点でもほとんど変わりない．

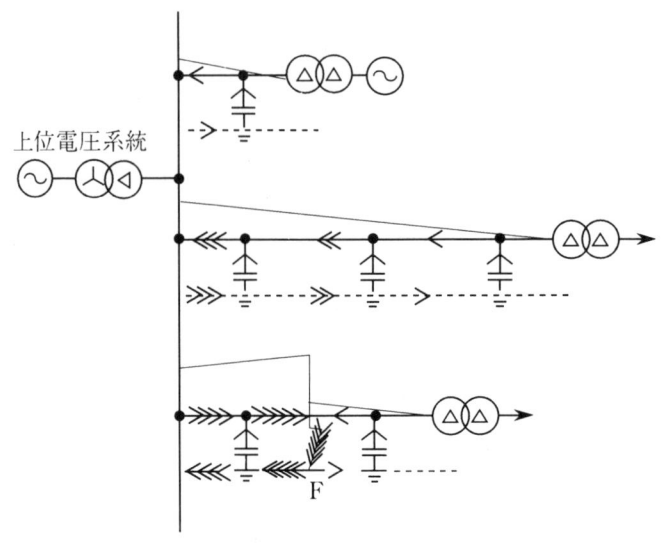

図2・5 非接地系統地絡時の零相電流分布

2・2 非接地系統の異常電圧

持続性異常電圧

(1) 地絡時の持続性異常電圧

1線地絡時の健全相電圧上昇

非接地系統では，$\dot{Z}_0 = \dfrac{1}{j\omega C_0}$，$R_0 = 0$，$X_0 = -\dfrac{1}{\omega C_0} < 0$ であるから，他の接地方式に比べて，1線地絡時の健全相電圧上昇が大きい．1線地絡電流 $\dot{I}_{a1LG}$，三相短絡電流 $\dot{I}_{a3LS}$ は，

$$\left. \begin{array}{l} I_{a1LG} = \left| \dfrac{3E_a}{X_0} \right| \\[2mm] I_{a3LS} = \dfrac{E_a}{Z_1} \fallingdotseq \left| \dfrac{E_a}{X_1} \right| \end{array} \right\} \qquad (2\cdot 6)$$

$$\therefore \quad |m| = \left| \dfrac{X_0}{X_1} \right| \fallingdotseq \dfrac{3I_{a3LS}}{I_{a1LG}} \qquad (2\cdot 7)$$

非接地系統

通常の非接地系統では，m は10程度以上であるから，基本周波数において，1線地絡または2線地絡時の共振条件 $X_0 + 2X_1 = 0$ または $2X_0 + X_1 = 0$ に近づくおそれはほとんどないが，事故時に送電線が遮断されて，制動巻線を持たない小容量の発電機が事故継続中の送電線とともに，単独系統となった場合などに，高調波に対して共振条件ができて過電圧を生ずることがある．[※1][※2]

過渡異常電圧

(2) 地絡時の過渡異常電圧

地絡発生時の故障電圧・電流には回路定数や故障発生位相によって過渡振動成分が

(※1) 木村：非接地系統の共振異常電圧；電気学会雑誌，71巻，754号（昭27-1）
(※2) 木谷：電力系統の雷害防止とその設計（昭40-1）電気書院

2·2 非接地系統の異常電圧

含まれる．1線地絡時に健全相に現れる過渡振動電圧は地絡相電圧が最大位相で地絡したときに最大で，非接地系統では地絡相電圧と同程度となり，回路の抵抗分によって時間的に減衰する．したがって健全相電圧は，基本周波分が故障前相電圧の$\sqrt{3}$倍，過渡振動分が最大1倍程度で，合計2.7倍程度に上昇することもある（**図2·6**参照）．

(3) 間欠アーク地絡による過電圧

非接地系統の地絡時，地絡電流が零の位相で自然消弧すると，対地静電容量には残留電荷が蓄えられる．これが放電する前に地絡点で再点弧すると，健全相に大きな過渡振動電圧が現れることがあり，この現象は間欠アーク地絡と呼ばれている．図2·6にこの原理を示す．

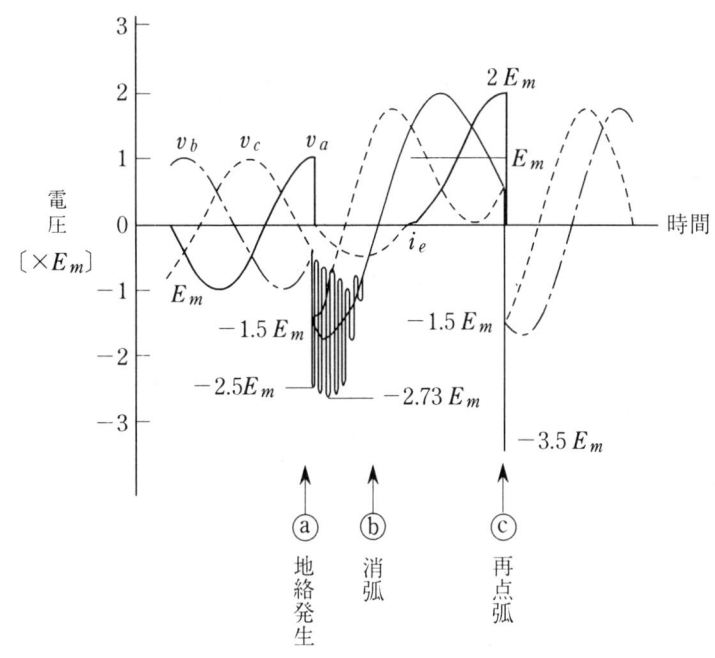

図2·6 過渡異常電圧と間欠アーク地絡

同図ⓐのa相電圧最大時点$v_a = E_m$でa相が地絡すると，b，c相対地電圧はその時点の線間電圧$-1.5E_m$（E_m：相電圧最大値）まで上昇するが，このとき(2)項で述べたように振幅E_mの過渡振動電圧を生じ，地絡直後の健全相電圧は$2.5E_m$まで上昇する（過渡振動電圧の減衰がなければ，この時点から位相角にして30°経過後に最大$2.73E_m$まで上昇する）．地絡電流i_eの基本波分は，地絡前の地絡相電圧よりも90°進み位相となる．

同図ⓑの$i_e = 0$の点で自然消弧すれば，b，c相電圧は，$1.5E_m$に上昇しているから，b，c相の対地静電容量C_0には，それぞれ$1.5C_0E_m$の電荷が蓄えられている．この電荷は，消弧後ただちに三相のC_0に分散するため，1相あたりの電荷は，$(1.5C_0E_m \times 2)/3 = C_0E_m$となり，これにより各相対地電圧には$E_m$の直流電圧が含まれることになる．

同図ⓒのa相電圧最大時点（$v_a = 2E_m$）で再点弧すれば，b，c相電圧は，$0.5E_m$ → $-1.5E_m$に変化する．このとき，$2E_m$の過渡振動電圧が現れ，b，c相電圧は，$3.5E_m$まで上昇することになる．このあとは同様の再点弧が繰り返されても，これ以上に対地電圧が上昇することはない．

以上は地絡電流の基本波成分の零点で消弧する基本波消弧の場合であるが，この他に，過渡振動電流の零点で消弧する高周波消弧があり，この場合には，間欠アーク地絡による残留電荷の蓄積により，さらに大きな異常電圧が現れることが考えられる．

また，故障線路を遮断するとき，健全相電圧は$\sqrt{3}$倍に上昇しているため遮断直後，健全相電線には$\sqrt{3}$倍相当の電荷が残留しており，遮断器極間に過電圧が現れ，極間が再点弧して開閉異常電圧を生ずることもある．

(4) 変圧器不揃い投入時の二次側移行電圧

154/6kVのように変成比の大きい変圧器を低圧側を開放して非接地の状態で高圧側から充電する場合，遮断器接点の不揃いにより三相が同時に投入されないために，静電誘導により，低圧側に高圧印加電圧の数10％の異常電圧が誘起されることがある（図2・7）．この異常電圧は変圧器の高低圧巻線間の静電遮へい，低圧側へのコンデンサの接続によるC_0の増加，避雷器の接続などによって防止できる．

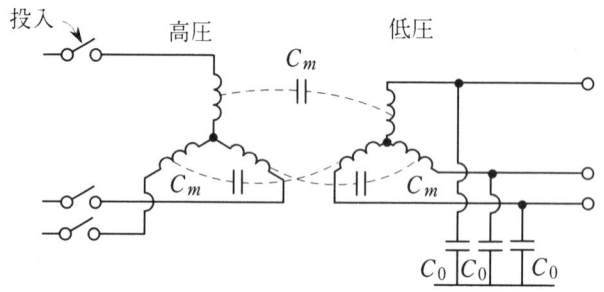

図2・7　変圧器二次側移行電圧

2・3　中性点残留電圧

(1) 対地静電容量と残留電圧

短距離送電線は，各相間のねん架を行わないのが普通であり，送電線の各相対地静電容量は異なっている．図2・8で各相対地静電容量C_a，C_b，C_cが等しくないとき，これに三相平衡電圧$\dot{E}_a$，$\dot{E}_b = a^2\dot{E}_a$，$\dot{E}_c = a\dot{E}_a$をかけると，中性点に残留電圧$\dot{V}_r$が現れる．同図の場合$\dot{V}_r$は零相電圧に等しい．これが大きくなると異常電圧や，地絡保護継電器の誤動作を生ずるおそれがある．

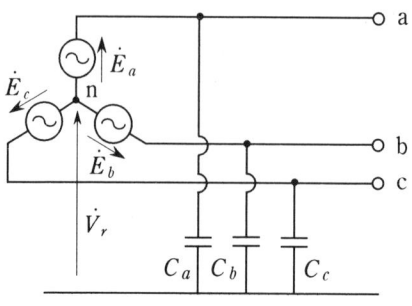

図2・8　中性点残留電圧

2·3 中性点残留電圧

$\dot{V}_r$ は次のようにして求められる．図2·8で，各相対地電圧は，$\dot{V}_r + \dot{E}_a$, $\dot{V}_r + \dot{E}_b$, $\dot{V}_r + \dot{E}_c$ であるから，各相対地充電電流は，

$$\left.\begin{array}{l}\dot{I}_a = j\omega C_a(\dot{V}_r + \dot{E}_a) \\ \dot{I}_b = j\omega C_b(\dot{V}_r + \dot{E}_b) \\ \dot{I}_c = j\omega C_c(\dot{V}_r + \dot{E}_c)\end{array}\right\} \tag{2·8}$$

これらの合計は零であるから

$$\dot{I}_a + \dot{I}_b + \dot{I}_c = j\omega\{(C_a + C_b + C_c)\dot{V}_r + C_a\dot{E}_a + C_b\dot{E}_b + C_c\dot{E}_c\} = 0 \tag{2·9}$$

$$\therefore \dot{V}_r = -\frac{C_a\dot{E}_a + C_b\dot{E}_b + C_c\dot{E}_c}{C_a + C_b + C_c}$$

$$= -\frac{C_a + a^2 C_b + a C_c}{C_a + C_b + C_c}\dot{E}_a \tag{2·10}$$

$$C_a + a^2 C_b + a C_c = C_a + \left(-\frac{1}{2} - j\frac{\sqrt{3}}{2}\right)C_b + \left(-\frac{1}{2} + j\frac{\sqrt{3}}{2}\right)C_c$$

$$= C_a - \frac{1}{2}(C_b + C_c) - j\frac{\sqrt{3}}{2}(C_b - C_c) \tag{2·11}$$

これの絶対値の2乗は

$$\left\{C_a - \frac{1}{2}(C_b + C_c)\right\}^2 + \frac{3}{4}(C_b - C_c)^2$$

$$= C_a{}^2 + C_b{}^2 + C_c{}^2 - C_a C_b - C_b C_c - C_c C_a$$

$$= C_a(C_a - C_b) + C_b(C_b - C_c) + C_c(C_c - C_a) \tag{2·12}$$

であるから，V_r の絶対値は

$$V_r = \frac{\sqrt{C_a(C_a - C_b) + C_b(C_b - C_c) + C_c(C_c - C_a)}}{(C_a + C_b + C_c)} E_a \tag{2·13}$$*

送電亘長が n 倍になってもこの式の分母，分子とも n 倍となって式の値は変わらない．すなわち相配列一定の送電線の残留電圧は，亘長によって変わらない．

〔問題 1〕対地静電容量が次の値の送電線に，三相平衡電圧をかけたとき，中性点残留電圧の相電圧に対する割合を求めよ．

$C_a = 0.0051$〔μF/km〕

$C_b = 0.0048$〔μF/km〕

$C_c = 0.0061$〔μF/km〕

〔解答〕(2·13)式に上式の値を代入して

$$\frac{V_r}{E_a} = \frac{\sqrt{0.0051 \times (0.0051 - 0.0048) + 0.0048 \times (0.0048 - 0.0061) + 0.0061}}{0.0051 + 0.0048 + 0.0061}*$$

$$*\overline{\times (0.0061 - 0.0051)}$$

$$= 0.0737$$

相電圧の約7％の残留電圧を生ずる．

(2) 2系統の合成残留電圧

図2・9のように送電線1，2の対地静電容量が C_{a1}，C_{b1}，C_{c1}，C_{a2}，C_{b2}，C_{c2}〔μF〕

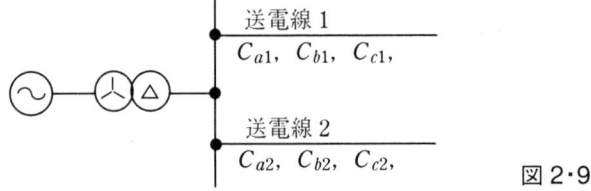

図2・9

のとき，この二つの送電線からなる非接地系統の合成残留電圧 $\dot{V}_r$ は，

$$\dot{V}_r = -\frac{(C_{a1}+C_{a2})\dot{E}_a+(C_{b1}+C_{b2})\dot{E}_b+(C_{c1}+C_{c2})\dot{E}_c}{(C_{a1}+C_{a2})+(C_{b1}+C_{b2})+(C_{c1}+C_{c2})} \tag{2・14}$$

送電線1だけの時の残留電圧 $\dot{V}_{r1}$ は，

$$\dot{V}_{r1} = -\frac{C_{a1}\dot{E}_a+C_{b1}\dot{E}_b+C_{c1}\dot{E}_c}{C_{a1}+C_{b1}+C_{c1}} \tag{2・15}$$

送電線2だけの時は，

$$\dot{V}_{r2} = -\frac{C_{a2}\dot{E}_a+C_{b2}\dot{E}_b+C_{c2}\dot{E}_c}{C_{a2}+C_{b2}+C_{c2}} \tag{2・16}$$

ここで，送電線1，2の各相平均対地静電容量を C_{01}，C_{02} とおけば

$$\left.\begin{array}{l}3C_{01}=C_{a1}+C_{b1}+C_{c1}\\3C_{02}=C_{a2}+C_{b2}+C_{c2}\end{array}\right\} \tag{2・17}$$

(2・15)～(2・17)式を(2・14)式に代入して

$$\begin{aligned}\dot{V}_r &= \frac{-(C_{a1}\dot{E}_a+C_{b1}\dot{E}_b+C_{c1}\dot{E}_c)-(C_{a2}\dot{E}_a+C_{b2}\dot{E}_b+C_{c2}\dot{E}_c)}{(C_{a1}+C_{b1}+C_{c1})+(C_{a2}+C_{b2}+C_{c2})}\\&=\frac{3C_{01}\dot{V}_{r1}+3C_{02}\dot{V}_{r2}}{3C_{01}+3C_{02}}\\&=\frac{C_{01}\dot{V}_{r1}+C_{02}\dot{V}_{r2}}{C_{01}+C_{02}} \tag{2・18}*\end{aligned}$$

これは図2・10のように考えることもできる．すなわち，送電線1，2の零相回路は同図(a)(b)のように表され，これを連系すると同図(c)となる．これより，

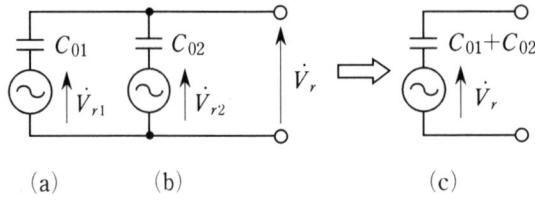

図2・10 残留電圧の合成

$$\dot{V}_r = \dot{V}_{r2} + \frac{\dfrac{1}{j\omega C_{02}}}{\dfrac{1}{j\omega C_{01}} + \dfrac{1}{j\omega C_{02}}} (\dot{V}_{r1} - \dot{V}_{r2})$$

$$= \dot{V}_{r2} + \frac{C_{01}(\dot{V}_{r1} - \dot{V}_{r2})}{C_{01} + C_{02}}$$

$$= \frac{C_{01}\dot{V}_{r1} + C_{02}\dot{V}_{r2}}{C_{01} + C_{02}} \tag{2・19}$$

となり，(2・18)式と一致する．

　一般に，残留電圧 $\dot{V}_{r1}$，$\dot{V}_{r2}$ の二つの非接地系統を連系したときの合成残留電圧は，(2・18)式によって求められる．したがって数回線からなる非接地系統では，各送電線はねん架していなくても，各送電線の相配列の組合せを適当に選定すれば，残留電圧を相殺し合って合成残留電圧を少なくできる．

3　高抵抗接地系統の故障現象

3・1　1線地絡時の電圧・電流

図3・1のように非接地系統の中性点を高抵抗R_Nで接地した場合，a相1線地絡時の

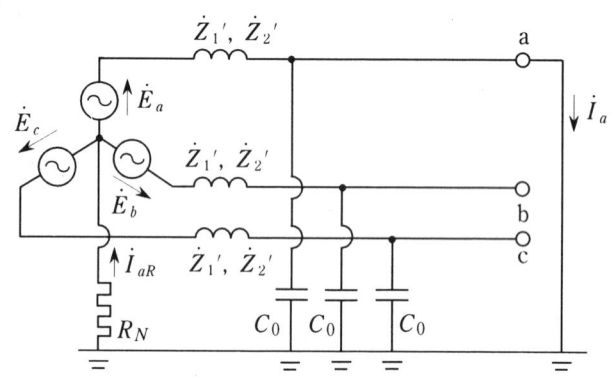

図3・1　高抵抗接地系統の1線地絡

対称分回路は図3・2となる．発電機の零相インピーダンスは，R_Nに比べて充分小さいから，これを省略すれば，故障点からみた零相インピーダンスは次のようになる．

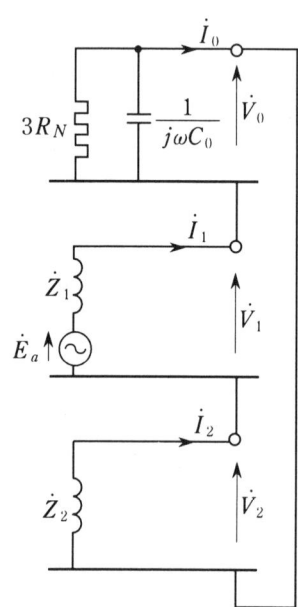

図3・2　高抵抗接地系統の1線地絡等価回路

$$\dot{Z}_0 = \frac{1}{\frac{1}{3R_N} + j\omega C_0} \tag{3·1}$$

したがって故障点電圧・電流は

$$\dot{I}_0 = \dot{I}_1 = \dot{I}_2 = \frac{\dot{E}_a}{\dot{Z}_0 + \dot{Z}_1 + \dot{Z}_2} \fallingdotseq \frac{\dot{E}_a}{\dot{Z}_0} \quad (\because \ \dot{Z}_1, \ \dot{Z}_2 \ll \dot{Z}_0)$$

$$= \left(\frac{1}{3R_N} + j\omega C_0\right)\dot{E}_a \tag{3·2}$$

$$\dot{I}_a = 3\dot{I}_0 = \left(\frac{1}{R_N} + 3j\omega C_0\right)\dot{E}_a = \dot{I}_{aR} + \dot{I}_{aC} \tag{3·3}$$

$$\left.\begin{array}{l}\dot{V}_0 = -\dot{Z}_0 \dot{I}_0 \fallingdotseq -\dot{E}_a \\ \dot{V}_1 = \dot{E}_a - \dot{Z}_1 \dot{I}_1 \fallingdotseq \dot{E}_a \\ \dot{V}_2 = -\dot{Z}_2 \dot{I}_2 \fallingdotseq 0\end{array}\right\} \tag{3·4}$$

$$\left.\begin{array}{l}\dot{V}_a = \dot{V}_0 + \dot{V}_1 + \dot{V}_2 = 0 \\ \dot{V}_b = \dot{V}_0 + a^2\dot{V}_1 + a\dot{V}_2 \fallingdotseq (a^2 - 1)\dot{E}_a \\ \dot{V}_c = \dot{V}_0 + a^2\dot{V}_1 + a\dot{V}_2 \fallingdotseq (a - 1)\dot{E}_a\end{array}\right\} \tag{3·5}$$

地絡電流 すなわち，地絡電流 $\dot{I}_a$ は，対地充電電流 $\dot{I}_{aC} = 3j\omega C_0 \dot{E}_a$ と中性点抵抗電流 $\dot{I}_{aR} = \dfrac{\dot{E}_a}{R_n}$ の和となり，線間電圧は故障前とほとんど変わらない．ベクトル図を図3·3に示す．

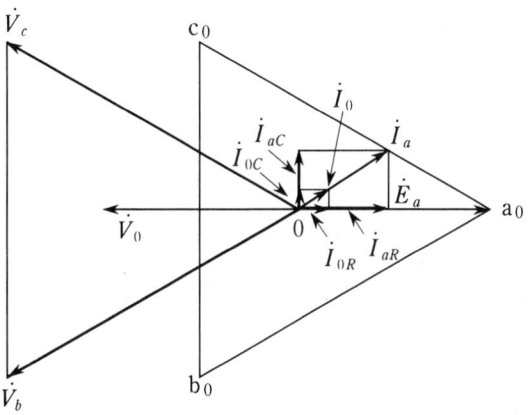

図3·3* 高抵抗接地系統の1線地絡時ベクトル図

零相電流 零相電流の分布は図3·4となる．すなわち，零相充電電流 $\dot{I}_{0C}$ の分布は非接地系統の場合とほとんど等しく，これに重畳して抵抗接地点から故障点に零相抵抗分電流 $\dot{I}_{0R}$ が流れる．抵抗接地点が2箇所以上の場合は，各中性点抵抗が故障点に対する零相抵抗分電流の供給源となる．また送電線は，零相充電電流の供給源となる．送電線亘長があまり長くない場合は，零相電圧は系統各部でほとんど変わりないため，1線地絡時の零相抵抗分電流と充電電流の分布は，近似的にそれぞれ独立に求められる．**故障点の零相電流** 故障点の零相電流は，抵抗分電流と充電電流の和となる．

3 高抵抗接地系統の故障現象

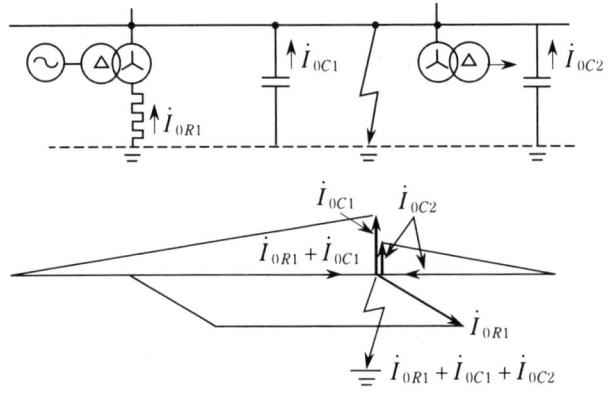

(a) 中性点抵抗1箇所

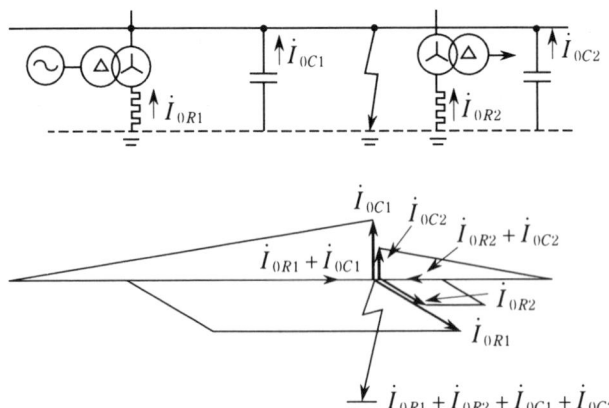

(b) 中性点抵抗2箇所

図3・4* 高抵抗接地系統の零相電流分布

〔問題2〕 154kV高抵抗接地系統の変圧器中性点を，890Ωの中性点抵抗で接地した場合，1線地絡時にこの抵抗に流れる電流は，およそ何アンペアか．

〔解答〕1線地絡時の零相電圧，すなわち中性点抵抗にかかる電圧は，$154/\sqrt{3} = 89.0\mathrm{kV}$であるから，中性点抵抗電流$I_R$は，

$$I_R = \frac{89.0\,[\mathrm{kV}] \times 1\,000}{890\,[\Omega]} = 100\,[\mathrm{A}]$$

〔問題3〕 総亘長200kmの架空平行2回線送電線からなる154kV系統で，890Ω(100A)の中性点抵抗により，2箇所で接地したとき，1線地絡電流は，およそ何アンペアか．2回線区間の6線一括対地充電電流は，0.7〔A/km〕とする．

〔解答〕充電電流 $I_{aC} = 0.7 \times 200 = 140\,[\mathrm{A}]$

抵抗分電流 $I_{aR} = 100 \times 2 = 200\,[\mathrm{A}]$

したがって地絡電流I_Cは，

$$I_C = \sqrt{I_{aC}^2 + I_{aR}^2} = \sqrt{140^2 + 200^2} = 244\,[\mathrm{A}]$$

3·2　1線地絡時の故障点健全相電圧

　高抵抗接地系統では各種異常電圧の防止面からみれば，中性点抵抗値は小さい方がよいが，反面，抵抗分電流が過大になると通信線への誘導障害や，故障電流による故障点損傷が大きくなる．ここでは，抵抗分電流の大きさと，1線地絡時の健全相電圧上昇の関係を求める[※]．

[欄外: 抵抗分電流　健全相電圧上昇]

　1線地絡時の抵抗分電流I_{aR}と対地充電電流I_{aC}の比αは，

$$\alpha = \frac{I_{aR}}{I_{aC}} = \frac{1}{3\omega C_0 R_N} \tag{3·6}$$

($3·1$)式より

$$\dot{Z}_0 = \frac{1}{\dfrac{1}{3R_N} + j\omega C_0} = \frac{\dfrac{1}{j\omega C_0}}{1 - \dfrac{j}{3\omega C_0 R_N}}$$

$$= \frac{jX_0}{1 - j\alpha} \tag{3·7}$$

$$X_0 = -\frac{1}{\omega C_0}, \quad \dot{Z}_1 = jX_1 = \dot{Z}_2, \quad m = \frac{X_0}{X_1}$$

とおけば，

$$\frac{\dot{Z}_0}{\dot{Z}_1} = \frac{m}{1 - j\alpha} \tag{3·8}$$

[欄外: 電圧上昇倍数]

となるから，a相1線地絡時のc相電圧上昇倍数は，

$$\dot{K}_c = \frac{\dot{V}_c}{\dot{E}_a} = \frac{(a-1)\dot{Z}_0 + (a-a^2)\dot{Z}_2}{\dot{Z}_0 + \dot{Z}_1 + \dot{Z}_2}$$

$$= \frac{(a-1)\dfrac{\dot{Z}_0}{\dot{Z}_1} + (a-a^2)}{\dfrac{\dot{Z}_0}{\dot{Z}_1} + 2}$$

$$= \frac{\left(-\dfrac{1}{2} + \dfrac{j\sqrt{3}}{2} - 1\right)\dfrac{m}{1-j\alpha} + j\sqrt{3}}{\dfrac{m}{1-j\alpha} + 2}$$

$$= \frac{\sqrt{3}\{-\sqrt{3}\,m + 2\alpha + j(m+2)\}}{2(m + 2 - 2j\alpha)} \tag{3·9}$$

[※]　木谷：電力系統の雷害防止とその設計（昭40-1）電気書院

$$\therefore K_c^2 = \frac{3}{4}\left\{\frac{\left(\sqrt{3}m-2\alpha\right)^2+(m+2)^2}{(m+2)^2+4\alpha^2}\right\}$$

$$= \frac{3\{m^2+m(1-\sqrt{3}\alpha)+\alpha^2+1\}}{(m+2)^2+4\alpha^2}$$

$$= 3\left[1-\frac{3\left\{m\left(1+\frac{\alpha}{\sqrt{3}}\right)+\alpha^2+1\right\}}{(m+2)^2+4\alpha^2}\right] \quad (3\cdot 10)$$

これより，α をパラメータとして m と K_c の関係を画くと図 3・5 となる．また，

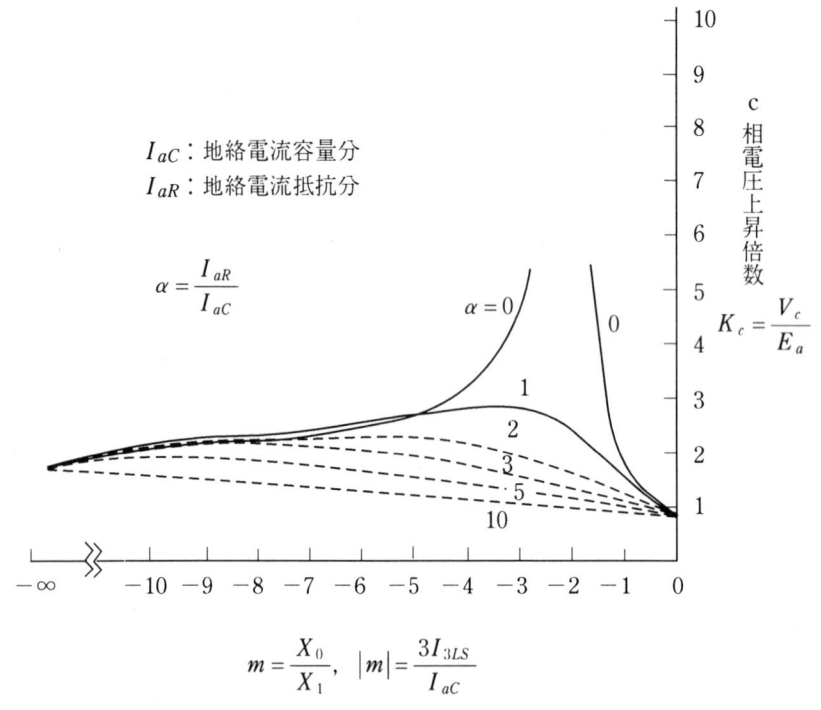

図 3・5　抵抗電流と健全相電圧上昇

$$\frac{dK_c^2}{dm} = -\frac{9\left[\left(1+\frac{\alpha}{\sqrt{3}}\right)\{(m+2)^2+4\alpha^2\}-2\left\{m\left(1+\frac{\alpha}{\sqrt{3}}\right)+\alpha^2+1\right\}\times(m+2)\right]}{\{(m+2)^2+4\alpha^2\}^2}$$

$$(3\cdot 11)$$

より，$\dfrac{dK_c^2}{dm}=0$ となる m の値，すなわち

$$m = -\left\{\alpha^2+1+\sqrt{(\alpha^2+1)\left(\frac{7\alpha^2}{3}+\frac{4\alpha}{\sqrt{3}}+1\right)}\right\}\left(1+\frac{\alpha}{\sqrt{3}}\right)^{-1} \quad (3\cdot 12)$$

のとき K_c は最大値 $K_{c\max}$ となる．図 3・6 は，(3・10)(3・12)式より求めた α と $K_{c\max}$ の関係を示す．これより，$\alpha>1$ のときに電圧上昇の抑制効果が大きく，$\alpha>2$，すなわち，抵抗分電流を対地充電電流の 2 倍程度以上とすれば，健全相電圧上昇は 2

倍程度以下に抑制でき，抵抗分電流の大きさを選定する場合は，この程度の値が一つの目安となる．また，中性点抵抗は，地絡時の過渡過電圧，間欠アーク地絡などによる異常電圧抑制にも効果がある．

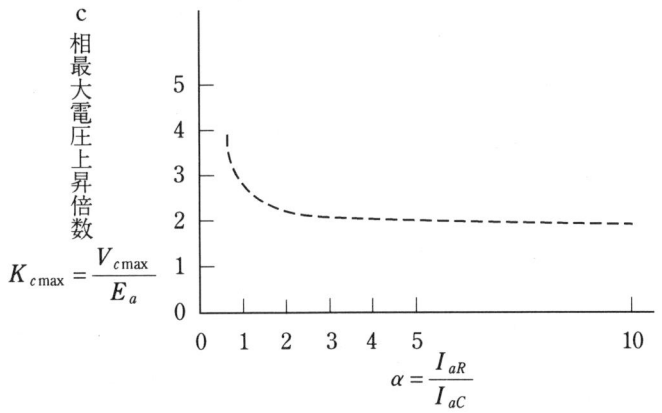

図3・6 抵抗電流と健全相電圧上昇最大値

3・3　1線地絡時の遠方点健全相電圧

図3・7のように，1線地絡故障点の対称分電圧を $\dot{V}_{0F}$, $\dot{V}_{1F}$, $\dot{V}_{2F}$ とすると，そこから対称分インピーダンス $\dot{Z}_{0l}$, $\dot{Z}_{1l}=\dot{Z}_{2l}$ の送電線の遠方点Aの対称分電圧 $\dot{V}_{0A}$, $\dot{V}_{1A}$, $\dot{V}_{2A}$ は

$$\left.\begin{array}{l}\dot{V}_{0A} = \dot{V}_{0F} + \dot{Z}_{0l}\dot{I}_{0A} \\ \dot{V}_{1A} = \dot{V}_{1F} + \dot{Z}_{1l}\dot{I}_{1A} \\ \dot{V}_{2A} = \dot{V}_{2F} + \dot{Z}_{2l}\dot{I}_{2A}\end{array}\right\}$$

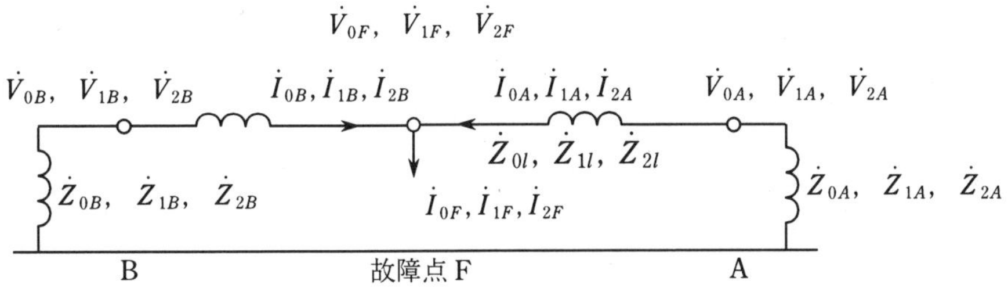

図3・7 遠方点の故障電圧

A点の各相電圧は，$\dot{I}_{0A} = \dot{I}_{1A} = \dot{I}_{2A}$ とすれば

$$\begin{aligned}\dot{V}_{aA} &= \dot{V}_{0A} + \dot{V}_{1A} + \dot{V}_{2A} \\ &= \dot{V}_{0F} + \dot{V}_{1F} + \dot{V}_{2F} + \dot{Z}_{0l}\dot{I}_{0A} + \dot{Z}_{1l}\dot{I}_{1A} + \dot{Z}_{2l}\dot{I}_{2A} \\ &= (\dot{Z}_{0l} + 2\dot{Z}_{1l})\dot{I}_{0A} \\ &\quad (\because \dot{V}_{0F} + \dot{V}_{1F} + \dot{V}_{2F} = \dot{V}_{aF} = 0)\end{aligned}$$

(3・13)

3 高抵抗接地系統の故障現象

$$\dot{V}_{bA} = \dot{V}_{0A} + a^2 \dot{V}_{1A} + a\dot{V}_{2A}$$
$$= \dot{V}_{0F} + a^2 \dot{V}_{1F} + a\dot{V}_{2F} + \dot{Z}_{0l}\dot{I}_{0A} + a^2 \dot{Z}_{1l}\dot{I}_{1A} + a\dot{Z}_{2l}\dot{I}_{2A}$$
$$= \dot{V}_{bF} + (\dot{Z}_{0l} - \dot{Z}_{1l})\dot{I}_{0A} \tag{3.14}$$

同様にして

$$\dot{V}_{cA} = \dot{V}_{cF} + (\dot{Z}_{0l} - \dot{Z}_{1l})\dot{I}_{0A} \tag{3.15}$$

故障点電流 故障点電流については $\dot{I}_{0F} = \dot{I}_{1F} = \dot{I}_{2F}$ となるが，送電線電流については，A，B 両系統への零相電流分流比と，正相，逆相電流分流比が等しくない場合は，$\dot{I}_{0A} = \dot{I}_{1A} = \dot{I}_{2A}$ とはならない．しかし，ここでは傾向を把握する目的で，簡単のために $\dot{I}_{0A} = \dot{I}_{1A} = \dot{I}_{2A}$ とした．

遠方点の健全相電圧上昇 送電線では，$Z_{0l} \fallingdotseq (3～4)Z_{1l}$ であるから，遠方点の健全相電圧上昇に関しては，零相分電圧降下 $\dot{Z}_{0l}\dot{I}_{0A}$ の影響が大きい．

零相分電圧降下 零相分電圧降下は，A端背後系統の零相インピーダンス $\dot{Z}_{0A}$ の偏角によって異なった様相を呈する．簡単のために送電線の零相インピーダンスの抵抗分を無視し，$\dot{Z}_{0A}$ が純抵抗，容量性，誘導性の三つの場合について遠方点Aの零相電圧を調べる．

(1) $\dot{Z}_{0A} = R_{0A}$（純抵抗）の場合（図3・8）

A端が中性点抵抗で接地されている場合で，

$$\frac{\dot{V}_{0A}}{\dot{V}_{0F}} = \frac{R_{0A}}{R_{0A} + jX_{0l}} = \frac{1}{1 + j\frac{X_{0l}}{R_{0A}}} \tag{3.16}$$

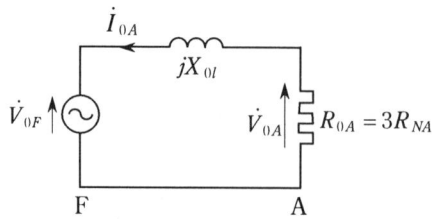

(a) 零相回路

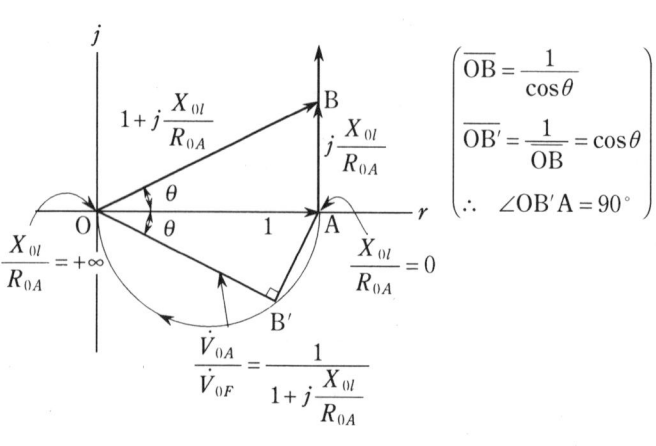

(b) $\dfrac{\dot{V}_{0A}}{\dot{V}_{0F}}$ 円線図

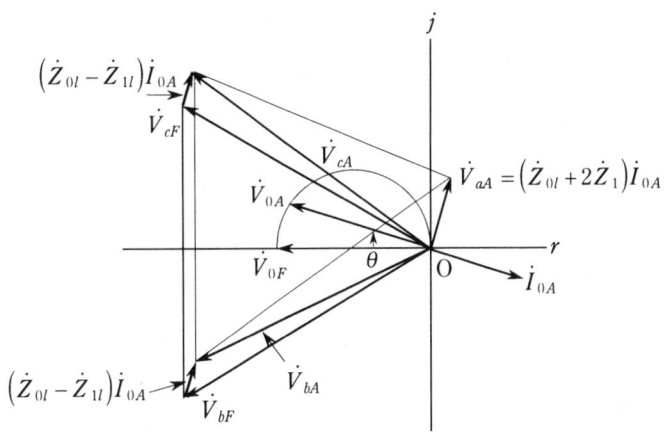

(c) ベクトル図

図3·8 $\dot{Z}_{0A} = R_{0A}$ のときの遠方点電圧

$\dfrac{X_{0l}}{R_{0A}}$ が変化したときの $\dfrac{\dot{V}_{0A}}{\dot{V}_{0F}}$ の軌跡は，図3·8(b)の半円AB′Oとなる．

$\dot{V}_{0F}$ の位相と絶対値を基準としたとき，$\dfrac{X_{0l}}{R_{0A}}$ が零から無限大に増加するにつれて，$\dot{V}_{0A}$ の位相は遅れ，絶対値は小さくなる．すなわち，送電線亘長が一定(X_{0l} 一定)の場合はA端中性点抵抗値 $R_{NA} = \dfrac{R_{0A}}{3}$ が小さくなるにつれて $\dot{V}_{0A}$ の位相は遅れ，絶対値は小さくなる．また，R_{0A} が一定の場合は送電線が長くなるにつれて同様の傾向を示す．したがって，A点の各相電圧ベクトルは同図(c)のようになり，c相電圧は，故障点よりも遠方点Aの方が大きくなることもある．

(2) $\dot{Z}_{0A} = -jX_{0A}$（容量性）の場合（図3·9）

A端背後に中性点抵抗がなく，零相インピーダンスが主に送電線の対地容量で，$\dot{Z}_{0A} \fallingdotseq \dfrac{1}{j\omega C_{0A}} = -jX_{0A}$ の場合は，

$$\dfrac{\dot{V}_{0A}}{\dot{V}_{0F}} = \dfrac{-jX_{0A}}{jX_{0l} - jX_{0A}} = \dfrac{X_{0A}}{X_{0A} - X_{0l}} > 1 \quad (\because\ X_{0A} > X_{0l}) \tag{3·17}$$

この場合は，$\dot{V}_{0A}$ は $\dot{V}_{0F}$ とほぼ同相で $V_{0A} > V_{0F}$ となる．すなわち零相回路のフェランチ効果により，故障点よりも遠方点の零相電圧が高くなる．特に末端に地中送電線のような大きな静電容量がある場合には，健全相電圧が異常に上昇することがある．

これを防止するために，図3·9(c)のようにA系統に中性点抵抗を設置すれば，

$$\dot{Z}_{0A} = \dfrac{-jR_{0A}X_{0A}}{R_{0A} - jX_{0A}} \tag{3·18}$$

$$\dfrac{\dot{V}_{0A}}{\dot{V}_{0F}} = \dfrac{\dot{Z}_{0A}}{\dot{Z}_{0A} + jX_{0l}}$$

$$= \dfrac{1}{1 - \dfrac{X_{0l}}{X_{0A}} + \dfrac{X_{0l}}{R_{0A}}} \tag{3·19}$$

3 高抵抗接地系統の故障現象

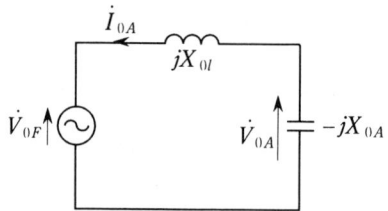

(a) 零相回路（中性点抵抗なし）

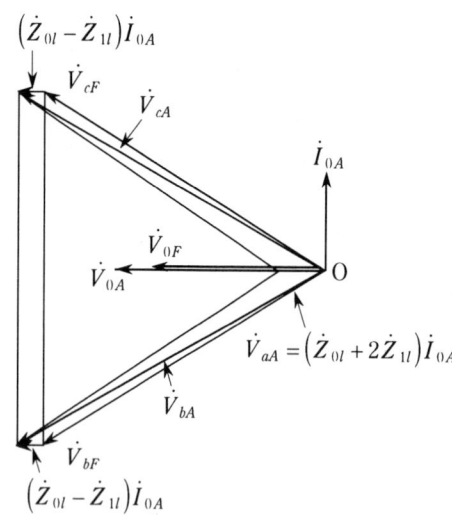

(b) ベクトル図

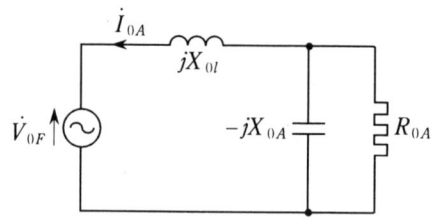

(c) 零相回路（中性点抵抗あり）

遠方点電圧　　図3・9　$\dot{Z}_{0A}=-jX_{0A}$ のときの遠方点電圧

$$\therefore \frac{V_{0A}}{V_{0F}} = \frac{1}{\sqrt{\left(1-\dfrac{X_{0l}}{X_{0A}}\right)^2 + \left(\dfrac{X_{0l}}{R_{0A}}\right)^2}} \tag{3・20}$$

となり，$R_{0A}=\infty$ の場合の (3・17) 式よりも A 点の零相電圧上昇は少なくなる．または地中送電線の対地静電容量を中性点補償リアクトルによって補償しても零相電圧上昇は防止できる．

したがって長距離線送電線からなる高抵抗接地系統では，中性点抵抗は系統各所に分散配置して，零相回路のフェランチ効果による遠方端の健全相電圧上昇を防止し，万一送電線事故時に系統が分離されても，なるべく非接地系統とならないような配慮が必要となる．

(3) $\dot{Z}_{0A}=jX_{0A}$（誘導性）の場合

(3・17) 式で $-jX_{0A} \to +jX_{0A}(X_{0A}>0)$ と置換えれば，$\dfrac{V_{0A}}{V_{0F}}<1$ となり，遠方点の

3・3 1線地絡時の遠方点健全相電圧

零相電圧は,故障点よりも低くなり,異常電圧発生のおそれは少ない.

この他に,送電線は,故障前の常時潮流による電圧降下が生ずる.これは,力率が1に近い正相電流で,送電線の正相インピーダンスの抵抗分が少ないから,電圧降下は主に正相電圧の位相を変える向きに生じ,電圧三角形が潮流方向によって,重心のまわりに右または左に回転することになる.(図3・10)

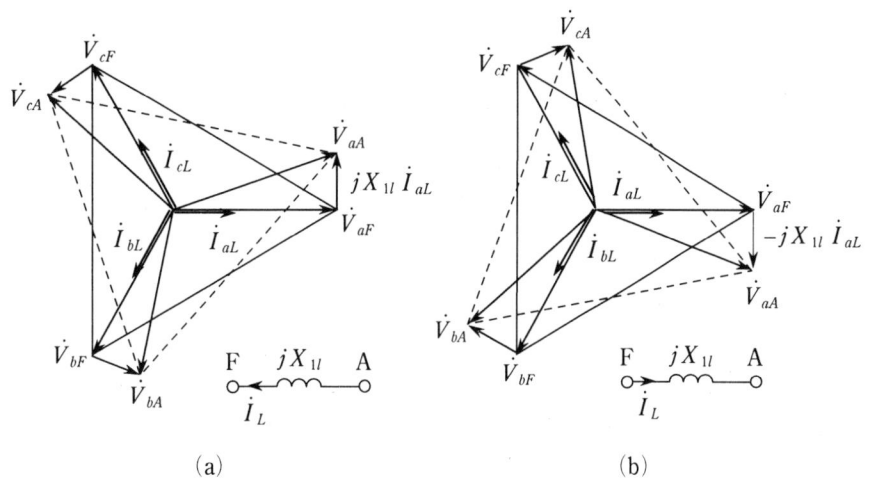

図3・10 潮流による電圧降下

長距離重潮流送電線では,故障電流による電圧降下(図3・8(c))と潮流による電圧降下(図3・10(a))が重なるため,故障点から離れた地点では故障相(a相)の電圧よりも遅れ,健全相(b相)の電圧が低くなることもある.

4 消弧リアクトル接地系統の故障現象

4・1 対地充電電流の補償

充電電流補償

消弧リアクトル

(1) 充電電流補償の原理

図4・1のように非接地系統の中性点を，インピーダンス$R+j\omega L$の消弧リアクトルで接地した場合，a相1線地絡時の対称分等価回路は，図4・2となる．ただし簡単のために，電源の正，逆相インピーダンスは零相インピーダンスに比べて充分小さいので省略している．さらに近似的に消弧リアクタンスの抵抗分を無視すれば，

$$\dot{Z}_0 = \frac{1}{j\omega C_0 + \dfrac{1}{3j\omega L}} \qquad (4\cdot 1)$$

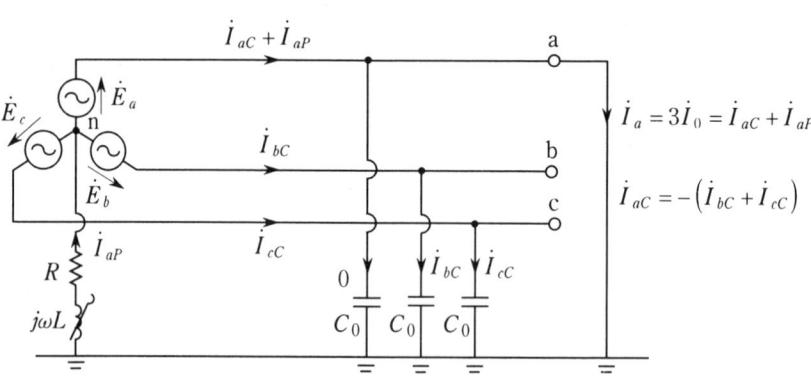

図4・1 消弧リアクトル系統の1線地絡

故障点の対称分電流は

$$\dot{I}_0 = \dot{I}_1 = \dot{I}_2 = \frac{\dot{E}_a}{\dot{Z}_0 + \dot{Z}_1 + \dot{Z}_2}$$

$$\fallingdotseq \frac{\dot{E}_a}{\dot{Z}_0} = \left(j\omega C_0 + \frac{1}{3j\omega L} \right)\dot{E}_a \qquad (4\cdot 2)$$

故障相電流

故障相電流は

$$\dot{I}_a = 3\dot{I}_0 = 3j\omega C_0 \dot{E}_a + \frac{\dot{E}_a}{j\omega L} \qquad (4\cdot 3)$$

消弧リアクトル電流$\dot{I}_{aP}$，3線一括対地充電電流$\dot{I}_{aC}=3\dot{I}_{0C}$は，図4・1，図4・2のように消弧リアクトルまたは送電線から故障点に流入する向きを正にとれば，

$$\left.\begin{array}{l}\dot{I}_{aP} = \dfrac{\dot{E}_a}{j\omega L} \\ \dot{I}_{aC} = 3j\omega C_0 \dot{E}_a\end{array}\right\} \quad (4\cdot4)\,{}^*$$

$$\therefore\ \dot{I}_a = \dot{I}_{aC} + \dot{I}_{aP} \quad (4\cdot5)\,{}^*$$

地絡電流 | すなわち地絡電流は，3線一括対地充電電流と消弧リアクトル電流のベクトル和となる．ただし，$\dot{I}_{aC}$ と $\dot{I}_{aP}$ は逆位相であるから，$\dot{I}_{aC}$ を位相基準にとれば，$\dot{I}_{aC} = I_{aC}$，$\dot{I}_{aP} = -I_{aP}$ となり

$$\dot{I}_a = I_{aC} - I_{aP} \quad (4\cdot6)$$

したがって地絡電流の大きさは，3線一括対地充電電流と消弧リアクトル電流との差に等しい．

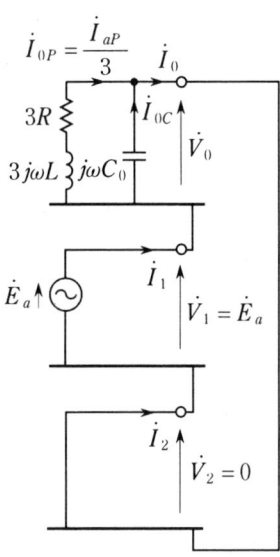

図4・2　消弧リアクトル接地系統の1線地絡時対称分等価回路

$$3\omega C_0 = \dfrac{1}{\omega L} \quad (4\cdot7)\,{}^*$$

となるように消弧リアクトルのリアクタンスを選べば，$I_{aC} = I_{aP}$ で

$$\dot{I}_a = 0 \quad (4\cdot8)$$

となり，故障点に流れる対地充電電流は消弧リアクトル電流によって補償されて零となる．(4・7)式は，$3C_0$ と L の並列共振条件であり，$\dot{Z}_a = \infty$ となる．

このとき，各相電圧・電流ベクトル図は図4・3のように，消弧リアクトルには，故障前の故障相電圧がかかり，線間電圧は故障前とほとんど等しい正三角形に保たれる．

(2) 合調度と地絡電流

合調度 | 消弧リアクトル電流 I_{aP} と3線一括対地充電電流 I_{aC} の比は合調度と呼ばれる．すなわち合調度 K は，

$$K = \dfrac{I_{aP}}{I_{aC}} \times 100 \ [\%] \quad (4\cdot9)$$

単位法で表せば，

4 消弧リアクトル接地系統の故障現象

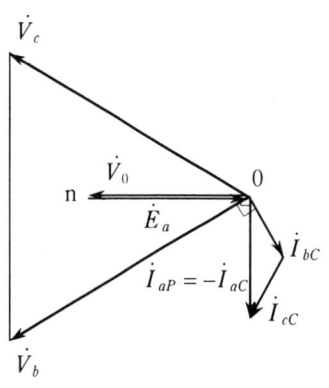

図4・3 1線地絡時ベクトル図
（消弧リアクトル系統，100％補償時）

$$k = \frac{I_{aP}}{I_{aC}} = \frac{K}{100} \quad [\text{PU}] \tag{4・10}*$$

過補償
不足補償

$K > 100\%$のとき過補償，$K < 100\%$のとき不足補償と呼ばれる．

消弧リアクトルには，多くの電流タップを設け，送電線の一部が停止したりして，その接地系統の対地充電電流が変わったときには，タップを切り換えて，できるだけ消弧リアクトル電流を対地充電電流に近づける．すなわち，共振点に近づけておく．消弧リアクトルの使用タップが，共振点からはずれている度合いは，非合調度と呼ばれ，次式で表される．

非合調度

$$H = \frac{(I_{aP} - I_{aC})}{I_{aC}} \times 100 = K - 100 \quad [\%] \tag{4・11}$$

単位法では，

$$h = \frac{I_{aP} - I_{aC}}{I_{aC}} = k - 1 = \frac{H}{100} \quad [\text{PU}] \tag{4・12}*$$

したがって，地絡電流と対地充電電流の比は，(4・6)(4・10)(4・12)式より

$$\frac{I_a}{I_{aC}} = 1 - \frac{I_{aP}}{I_{aC}} = 1 - \frac{1}{3\omega^2 LC_0}$$
$$= 1 - k = -h \quad [\text{PU}] \tag{4・13}*$$

または

$$\frac{I_a}{I_{aC}} \times 100 = 100 - K = -H \quad [\%] \tag{4・14}$$

たとえば$K = 90\%$，すなわち10％不足補償（$H = -10\%$）のときの地絡電流は充電電流の10％で，充電電流と同位相である．また$K = 105\%$，すなわち5％過補償（$H = 5\%$）のときの故障点電流は充電電流の5％で，充電電流と逆位相となる．一般に，非合調度10％程度としてもさしつかえなく，電圧の低い場合は，20％内外としても消弧する場合がある，とされている．※

〔問題 4〕 3線一括対地充電電流120Aの66kV系統を，タップ電流130Aの消弧リアクトルで接地した場合，

(1) 消弧リアクトルのインピーダンスX_L

※ 電気学会：電気工学ハンドブック，15編，p.880（昭26-7）

(2) 合調度 K
(3) 非合調度 H
(4) 1線地絡時の故障相電流 $\dot{I}_a$

を求めよ．

〔解答〕

(1) $X_L = \dfrac{E_a}{I_{aP}} = \dfrac{66\,000/\sqrt{3}}{130} = 293.1\,〔\Omega〕$

(2) $K = \dfrac{I_{aP}}{I_{aC}} \times 100 = \dfrac{130}{120} \times 100 = 108.3\,〔\%〕$

(3) $H = K - 100 = 8.3\,〔\%〕$

(4) $I_a = I_{aC} - I_{aP} = 120 - 130 = -10\,〔A〕$

I_a は，I_{aC} と逆位相，I_{aP} と同位相となる．

損失分電流

(3) 消弧リアクトルの損失分電流

消弧リアクトルには抵抗分があり，系統各部にも損失分があるため，合調度100％の場合でも，地絡電流は零にはならない．消弧リアクトルの抵抗 R を考えると，(4・1)式の零相インピーダンスは，

$$\dot{Z}_0 = \dfrac{1}{j\omega C_0 + \dfrac{1}{3(R + j\omega L)}} \quad (4\cdot 15)$$

ここで，$\dfrac{R}{\omega L} = r(\ll 1)$ とおけば，合調度100％のときは，$\omega C_0 = \dfrac{1}{3\omega L}$ であるから

$$\dot{Z}_0 = \dfrac{1}{j\omega C_0 + \dfrac{R - j\omega L}{3(R^2 + \omega^2 L^2)}}$$

$$\fallingdotseq \dfrac{1}{j\omega C_0 + \dfrac{R}{3\omega^2 L^2} - \dfrac{j}{3\omega L}}$$

$$= \dfrac{3\omega^2 L^2}{R} \quad (4\cdot 16)$$

$$\dot{I}_a \fallingdotseq \dfrac{3\dot{E}_a}{\dot{Z}_0} = \dfrac{R\dot{E}_a}{\omega^2 L^2} = \left(3\omega C_0 \dot{E}_a\right)\left(\dfrac{R}{\omega L}\right) = -jr\dot{I}_{aC} \quad (4\cdot 17)$$

$\dot{E}_a$ を位相基準にとれば $\dot{I}_{aC} = jI_{aC}$ となるから，

$$\therefore \dot{I}_a = rI_{aC} \quad (4\cdot 18)^*$$

したがって3線一括対地充電電流 I_{aC} の r 倍の地絡電流（$\dot{E}_a$ と同相）が流れることになる．

また，合調度 k のときは，(4・10)(4・15)式より

$$\dot{I}_a = \dfrac{3\dot{E}_a}{\dot{Z}_0} = 3\dot{E}_a\left(j\omega C_0 + \dfrac{R}{3\omega^2 L^2} - \dfrac{j}{3\omega L}\right)$$

$$= \dot{I}_{aC} + \dot{I}_{aP} + j\dot{I}_{aP}r$$

$$= \left(1 + \dfrac{\dot{I}_{aP}}{\dot{I}_{aC}} + \dfrac{jr\dot{I}_{aP}}{\dot{I}_{aC}}\right)\dot{I}_{aC}$$

$$= (1-k-jrk)\dot{I}_{aC} \quad \left(\because \frac{\dot{I}_{aP}}{\dot{I}_{aC}} = -k\right)$$

$$= -(h+jrk)\dot{I}_{aC} \tag{4·19}$$

$\dot{E}_a$ を位相基準にとれば，$\dot{I}_{aC} = jI_{aC}$ となり

$$\dot{I}_a = (rk - jh)I_{aC} \tag{4·20}*$$

〔問題 5〕 3線一括対地充電電流50A，消弧リアクトルの抵抗分3％の消弧リアクトル接地系統において，次の場合の1線地絡電流を求めよ．
(1) 合調度100％の場合
(2) 合調度110％の場合

〔解答〕
(1) (4·18) 式において，$I_{aC} = 50$A，$r = 0.03$ として，地絡電流 I_a は，
$$I_a = 0.03 \times 50 = 1.5 \text{ [A]}$$
(2) (4·20) 式において，$k = 1.1$，$h = 0.1$，$I_{aC} = 50$A とし，$\dot{E}_a$ を位相基準にとると
$$\dot{I}_a = (0.03 \times 1.1 - j0.1) \times 50$$
$$= 1.65 - j5.0$$
$$= 5.27 \angle 71.7° \text{ [A]}$$

(4) 消弧リアクトルの容量

消弧リアクトル 消弧リアクトルを設置する場合には，将来の送電線の増設計画や他系統間の送電線の切換運用，対地充電電流の計算誤差に対するマージンなども考慮して余裕のある容量を選定する必要がある．

消弧リアクトルの定格容量 消弧リアクトルの定格容量 Q_P [kVA] は，最大タップ電流を $I_{P\max}$ [A]，定格電圧（通常その系統の定格相電圧に等しくとる）を V_n [kV] とすれば

$$Q_P = V_n I_{P\max} \text{ [kVA]} \tag{4·21}*$$

となる．たとえば，66kV系統で最大対地充電電流（三相一括）$3I_{0C} = 100$ [A] を補償する消弧リアクトルの容量は，$V_n = \frac{66}{\sqrt{3}} = 38.1$ [kV]，$I_{P\max} = 100$ [A] として，

$$Q_P = 38.1 \times 100 = 3\,810 \text{ [kVA]}$$

このときの消弧リアクトルのリアクタンスは，

$$\omega L = \frac{38.1 \times 1\,000}{100} = 381 \text{ [Ω]}$$

となる．

消弧リアクトルの最小タップ電流 $I_{P\min}$ は，いずれのタップにおいても適当な磁気飽和をもたせて，後述の直列共振などによる異常電圧を防止するために，通常 $I_{P\max}$ の1/4程度以上にとり，$I_{P\min} \sim I_{P\max}$ 間に，11程度以上のタップを設けることが多い※．

$$\frac{I_{P\max}}{I_{P\min}} < 4 \tag{4·22}$$

※高木，他：電力用変電設備ハンドブック（昭42-6）電気書院

4・2　1線地絡時の電圧・電流

(1) 故障電圧分布

消弧リアクトル接地系統では，$Z_0 \gg Z_1, Z_2$ であり，図1・2において $|m| = \left|\dfrac{X_0}{X_1}\right|$ は10程度以上で充分大きいから，1線地絡時の健全相電圧は，ほぼ常時の $\sqrt{3}$ 倍まで上昇し，零相電圧は常時の相電圧程度となる．

消弧リアクトル接地系統は，比較的短距離の送電線で構成されることが多く，このような場合には，1線地絡故障点の位置にかかわらず当該接地系統の各地点の電圧はほとんど変わらないとみてよい．しかし長距離送電系統では背後の零相インピーダンスが容量性になると，零相回路のフェランチ効果により，遠方点の健全相電圧が異常上昇することがある．

(2) 故障電流の分布

図4・4(a)は(1)のように送電線の一端に消弧リアクトルを設置した系統で，他端に1線地絡故障が発生した場合の零相電流分布を示す．対地充電電流 I_{0C} の分布は(2)，消弧リアクトル電流の零相分 $I_{0P} = \dfrac{I_{aP}}{3}$ の分布は(3)となる．ここで，電流は故障点に向かう方向に，充電電流を正，消弧リアクトル電流を負（充電電流と逆位相だから）にとっている．送電線の零相電流は，(2)と(3)の和で(4)となる．

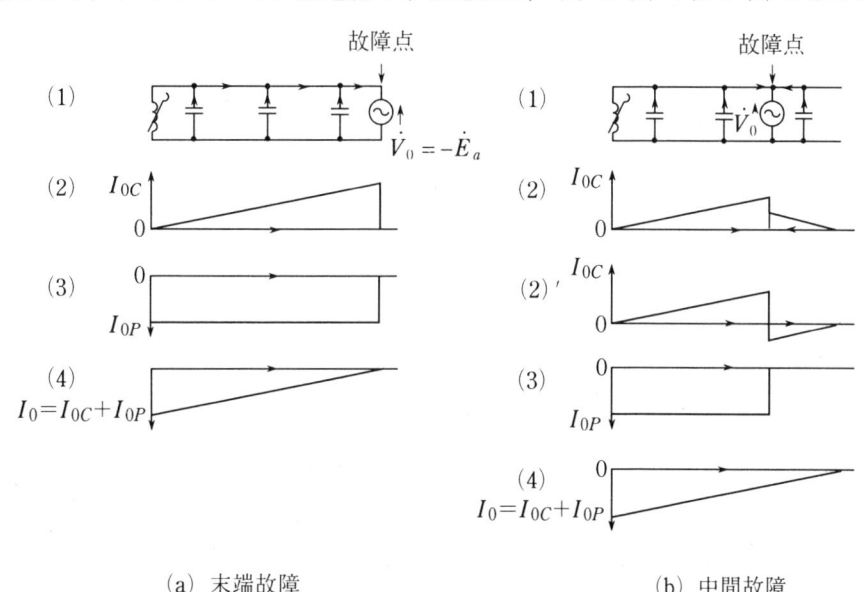

(a) 末端故障　　(b) 中間故障

図4・4　消弧リアクトル系統の零相電流分布（1箇所接地）

同図(b)は，故障点が送電線の中程の場合で，I_{0C} の分布は(2)となるが，故障点の右側の電流方向を逆向きにとれば (2)'となる．I_{0P} は，消弧リアクトルから故障点に向かって(3)のように流れ，(3)と(2)'を加えると零相電流の分布は(4)となり(a)の(4)と全く同様となる．なお，合調度が100％でない場合は，図4・4の電流分布に重なって，過不足補償分の電流が消弧リアクトルから故障点に流れることになる．

4 消弧リアクトル接地系統の故障現象

零相電流分布　図4·5は，消弧リアクトルが2箇所に設置された場合の零相電流分布で，故障点がどこにあってもこの分布は変わらない．

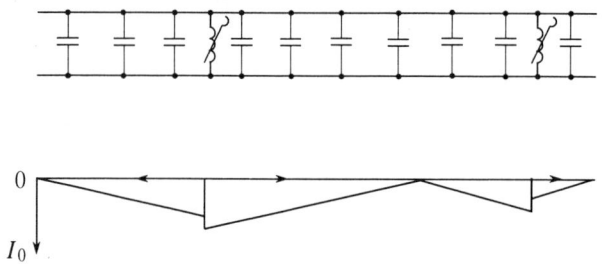

図4·5　消弧リアクトル系統の零相電流分布

(3) 並列抵抗投入方式

このように，消弧リアクトル接地系統の零相電流分布は，故障点の位置にかかわらず消弧リアクトルと送電線の対地充電容量の間に流れることになり，零相充電電流からだけでは，**地絡方向継電器**によって故障点の方向を選択することができない．

したがって，1線地絡故障発生時に，一定の時間（1～2秒）経過しても消弧しない場合は，消弧リアクトルと並列に中性点抵抗を投入して，故障点に抵抗電流を流し，これを地絡方向継電器によって検出して故障点の方向を選択する**並列抵抗投入方式**を併用することが多い．これには次の二つの方式があるが，常時の異常電圧防止面から(b)の方式が採用される場合が多い．（図4·6）

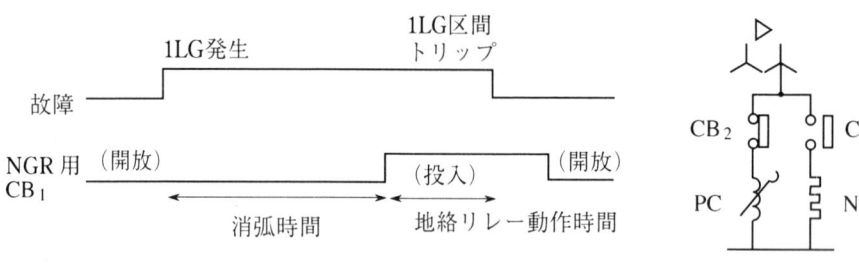

(a) 故障時投入方式

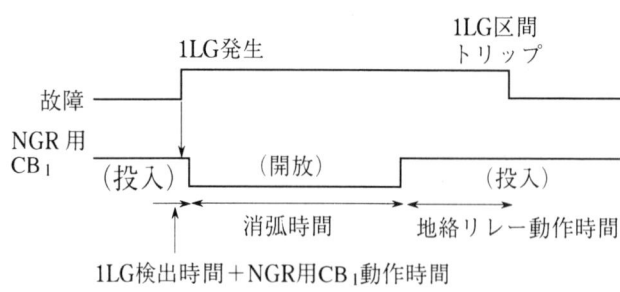

(b) 常時投入方式

図4·6　並列抵抗投入方式

故障時投入方式　(a) 故障時投入方式　常時は抵抗を開放しておき，1線地絡発生後，消弧時間を待って抵抗を投入する．その後，保護継電器によって故障区間が選択遮断された後に抵抗を開放する．

常時投入方式　(b) 常時投入方式　常時抵抗を投入しておき，1線地絡発生直後にこれを検出して抵抗を高速開放（0.1秒程度）し，消弧時間を待って再投入して，継電器によって故障区間を選択遮断する．

4·3 故障点回復電圧

回復電圧　故障点に，アークが消滅した後に現れる電圧は回復電圧と呼ばれるが，消弧リアクトル接地系統では，回復電圧の上昇がゆるやかであり，これが消弧しやすい要因となっている．

図4·7の零相回路で，故障アーク消滅後すなわちSW開放後の零相電圧・電流を求める．SW開放後の消弧リアクトルと対地静電容量の零相電流i_P，i_cおよび零相電圧v_0について次の微分方程式が成り立つ．（図4·2参照）

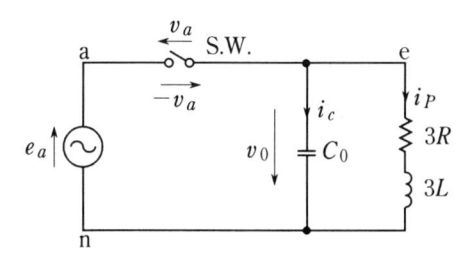

図4·7　消弧後の零相回路

$$\left. \begin{array}{l} -v_0 = \dfrac{1}{C_0}\int i_C dt = 3Ri_P + 3L\dfrac{di_P}{dt} \\ i_C = -i_P \end{array} \right\} \quad (4·23)$$

第2式を第1式に代入して微分すれば

$$3L\frac{d^2 i_P}{dt^2} + 3R\frac{di_P}{dt} + \frac{i_P}{C_0} = 0 \quad (4·24)$$

この解は次のように表せる．

$$i_P = I_m \varepsilon^{-\alpha t} \cos(\omega_P t + \theta - \varphi) \quad (4·25)$$

ここに，

$$\left. \begin{array}{l} I_m = \dfrac{E_m}{3\sqrt{R^2 + \omega^2 L^2}} \fallingdotseq \dfrac{E_m}{3\omega L} \\ \alpha = \dfrac{R}{2L} = \dfrac{r\omega}{2} \quad \left(r = \dfrac{R}{\omega L}\right) \\ \omega_P = \sqrt{\dfrac{1}{3LC_0} - \left(\dfrac{R}{2L}\right)^2} \\ \varphi = \tan^{-1}\left(\dfrac{\omega L}{R}\right) = \tan^{-1}\dfrac{1}{r} \fallingdotseq \dfrac{\pi}{2} \end{array} \right\} \quad (4·26)$$

なぜなら，(4·25) 式より

$$\left. \begin{array}{l} \dfrac{di_P}{dt} = -I_m \varepsilon^{-\alpha t}\{\alpha \cos(\omega_P t + \theta - \varphi) + \omega_P \sin(\omega_P t + \theta - \varphi)\} \\ \\ \dfrac{d^2 i_P}{dt^2} = I_m(\alpha^2 - \omega_P^2)\varepsilon^{-\alpha t}\cos(\omega_P t + \theta - \varphi) + 2I_m \alpha \omega_P \varepsilon^{-\alpha t}\sin(\omega_P t + \theta - \varphi) \end{array} \right\}$$

$$(4·27)$$

4 消弧リアクトル接地系統の故障現象

となり，これらは$(4\cdot24)$式を満足する．また，図$4\cdot7$で，起電力$e_a = E_m \cos(\omega t + \theta)$とすれば，SW投入中（開放前）の$i_P$は，

$$i_P = I_m \cos(\omega t + \theta - \varphi) \tag{4·28}$$

となるが，$t=0$のときは$(4\cdot25)$，$(4\cdot28)$式は等しくなる．以上より$(4\cdot25)$式は$(4\cdot24)$式の解であることがわかる．

共振角速度 ω_Pは消弧リアクトルと対地静電容量の共振角速度であるが，抵抗分Rが充分小さいので，

$$\omega_P \fallingdotseq \frac{1}{\sqrt{3LC_0}} \tag{4·29}$$

合調度 $(4\cdot4)(4\cdot10)$式より合調度k〔PU〕は，

$$k = \frac{I_{aP}}{I_{aC}} = \frac{1}{3\omega^2 LC_0} \fallingdotseq \frac{\omega_P^2}{\omega^2} \tag{4·30}$$

$$\therefore \quad \omega_P \fallingdotseq \sqrt{k}\,\omega \tag{4·31}$$

合調度100％（$k=1$）のときは$\omega_P \fallingdotseq \omega$，過補償（$k>1$）のときは$\omega_P > \omega$，不足補償（$k<1$）のときは$\omega_P < \omega$となるが，通常$k$は1に近いから，$L$と$C_0$との共振角速度は，電源の角速度$\omega$に近い値となる．

零相電圧は，$(4\cdot25)(4\cdot27)$式を$(4\cdot23)$式に代入して，

$$\begin{aligned}
-v_0 &= 3\left(Ri_P + L\frac{di_P}{dt}\right) \\
&= 3I_m \varepsilon^{-\alpha t}[R\cos(\omega_P t + \theta - \varphi) - L\{\alpha\cos(\omega_P t + \theta - \varphi) \\
&\qquad\qquad\qquad\qquad + \omega_P t \sin(\omega_P t + \theta - \varphi)\}] \\
&= 3I_m \varepsilon^{-\alpha t}\left\{\frac{R}{2}\cos(\omega_P t + \theta - \varphi) - \omega_P L \sin(\omega_P t + \theta - \varphi)\right\}
\end{aligned} \tag{4·32}$$

$\dfrac{R}{2} \ll \omega_P L$, $\varphi \fallingdotseq \dfrac{\pi}{2}$, $3I_m \omega_P L \fallingdotseq \dfrac{\omega_P E_m}{\omega}$ であるから

$$v_0 \fallingdotseq -\frac{\omega_P E_m}{\omega}\varepsilon^{-\alpha t}\cos(\omega_P t + \theta) \tag{4·33}$$

回復電圧 したがってSWの両端電圧，すなわち，消弧後に地絡故障点に現れる回復電圧v_aは，次のようになる．

$$\begin{aligned}
v_a &= e_a + v_0 \\
&\fallingdotseq E_m\left\{\cos(\omega t + \theta) - \frac{\omega_P}{\omega}\varepsilon^{-\alpha t}\cos(\omega_P t + \theta)\right\}
\end{aligned} \tag{4·34}$$

合調度100％のときは，$\omega \fallingdotseq \omega_P$であるから

$$v_a \fallingdotseq (1 - \varepsilon^{-\alpha t})\,e_a \tag{4·35}$$

$(4\cdot34)$式はベクトル表示すれば

$$-\dot{V}_a = -\dot{E}_a - \dot{V}_0 \tag{4·36}$$

これは図$4\cdot8$(a)のように表せる．

4・3 故障点回復電圧

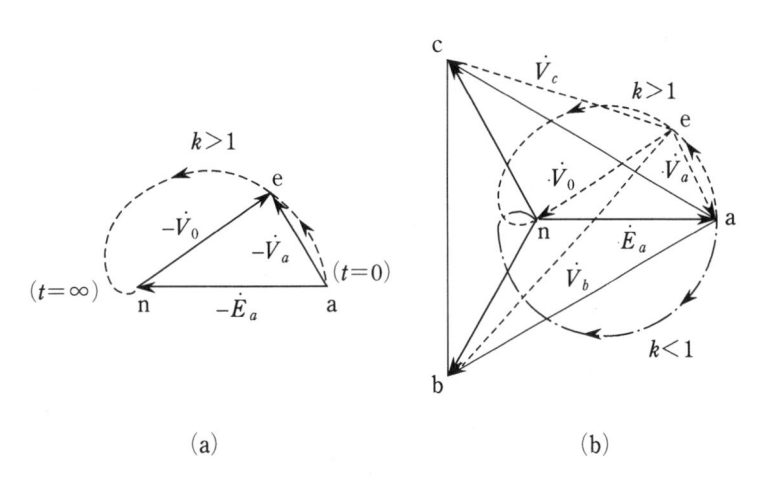

図4・8 回復電圧ベクトル軌跡

$k>1$の場合，$-\dot{V}_0$は角速度が電源電圧$-\dot{E}_a$よりも大きく，絶対値が$\varepsilon^{-\alpha t}$にしたがって減衰するから，その軌跡は同図(a)の点線で表される．$-\dot{E}_a$は一定であるから，a相端子を基準とした大地電位$-\dot{V}_a$の軌跡も同一の点線で表される．したがって，各相電圧ベクトルは同図(b)の点線となる．$k<1$の場合の大地電位軌跡も同様に同図(b)の鎖線となる．$k=1$の場合は，$-\dot{V}_0$と$-\dot{E}_a$の角速度が等しいので，大地電位軌跡はa→nの直線となる．図4・9は$k>1$の場合の各相電圧波形の例であり，消弧後，故障相回復電圧は，ゆるやかに上昇して再点弧しにくい．c相電圧に，うなり現象が現れている．

大地電位軌跡

故障相回復電圧

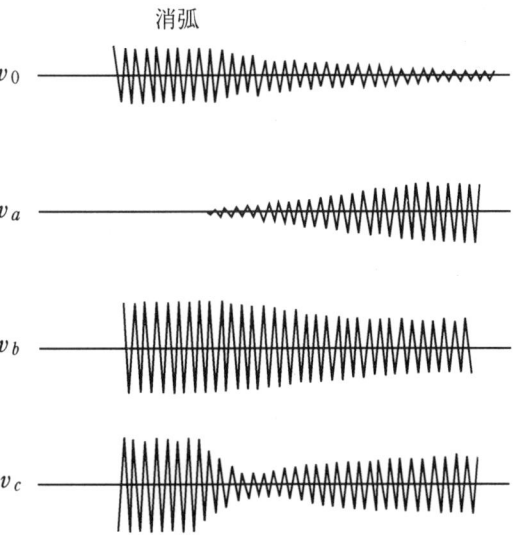

図4・9 消弧リアクトル系の回復電圧例（過補償）

—35—

4·4 消弧リアクトルの共振現象

(1) 直列共振

送電系統の中性点には，送電線の各相対地静電容量の不平衡などにより，残留電圧$\dot{V}_r$が存在している（2·3参照）．このような送電系統の変圧器中性点を消弧リアクトルで接地したときの常時の零相回路は，図4·10となり，C_0と$3L$との直列共振によって大きな零相電圧が発生することがある．同図のように，簡単のために変圧器や送電線の直列インピーダンスを省略すれば，

$$\dot{V}_0 = \frac{3(R+j\omega L)\dot{V}_r}{3(R+j\omega L)+\frac{1}{j\omega C_0}} \tag{4·37}$$

100％補償の場合は，$3\omega L = \frac{1}{\omega C_0}$であるから

$$\dot{V}_0 = \frac{(R+j\omega L)\dot{V}_r}{R} \fallingdotseq \frac{j\omega L \dot{V}_r}{R} \tag{4·38}$$

$$\therefore V_0 = \frac{\dot{V}_r}{r} \tag{4·39}$$

したがって，抵抗分2％の消弧リアクトルでは，$V_0 = \frac{V_r}{0.02} = 50V_r$と残留電圧の50倍の零相電圧が常時，発生することとなる．この零相電圧が過大になると，各相に異常電圧を生じたり，地絡過電圧継電器が誤動作するから，消弧リアクトルの抵抗分を増加したり，送電線のねん架または相配列の変更などによって各相対地静電容量を平衡させて残留電圧を減らす，などの対策が必要となる．

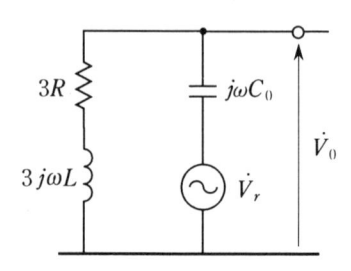

図4·10 消弧リアクトルの直列共振零相回路

中性点に並列抵抗が投入されているときは，

$$\dot{V}_0 = \frac{\frac{3R_N \cdot 3(R+j\omega L)}{3R_N + 3(R+j\omega L)}}{\frac{3R_N \cdot 3(R+j\omega L)}{3R_N + 3(R+j\omega L)} + \frac{1}{j\omega C_0}} \dot{V}_r = \frac{\dot{V}_r}{1 + \frac{1}{j\omega C_0} \cdot \frac{R_N + R + j\omega L}{3R_N(R+j\omega L)}} \tag{4·40}$$

$$\frac{1}{j\omega C_0} \cdot \frac{R_N + R + j\omega L}{3R_N(R+j\omega L)} = \frac{1}{3j\omega C_0}\left\{\frac{1}{R+j\omega L} + \frac{1}{R_N}\right\}$$

$$= -\frac{1}{3\omega^2 LC_0}\left\{\frac{1}{1-\frac{jR}{\omega L}}+\frac{j\omega L}{R_N}\right\} \fallingdotseq -\left\{1+rj+\frac{j\omega L}{R_N}\right\} \qquad (4\cdot41)$$

$$\left[\because \frac{1}{3\omega^2 LC_0}\fallingdotseq 1,\right.$$
$$\left.\frac{1}{1-\frac{jR}{\omega L}}=\frac{1}{1-jr}\fallingdotseq 1+jr \quad (\because \ r\ll 1)\right]$$

$$\therefore \ \dot{V}_0 = \frac{j\dot{V}_r}{r+\frac{\omega L}{R_N}} \qquad (4\cdot42)$$

抵抗分電流 I_R,三相一括対地充電電流 I_{aC} は,

$$\left.\begin{aligned} I_R &= \frac{E_a}{R_N} \\ I_{aC} &= 3\omega C_0 E_a \fallingdotseq \frac{E_a}{\omega L} \end{aligned}\right\} \qquad (4\cdot43)$$

$$\therefore \ \frac{\omega L}{R_N} \fallingdotseq \frac{I_R}{I_{aC}} \qquad (4\cdot44)$$

I_R は異常電圧防止面から I_{aC} と同程度以上に選ばれるから $\frac{\omega L}{R_N}>1$,したがって,

$$V_0 < V_r \qquad (4\cdot45)$$

V_r は通常,相電圧 E_a の 1.5 ％程度以下であり[※],中性点抵抗投入中は,直列共振によって残留電圧よりも大きな零相電圧が現れることはないから問題はないが,1 線地絡アークの消弧のために中性点抵抗を開放した時に,過電圧が現れることがある.

直列共振曲線

(2) 直列共振曲線

並列抵抗を開放しておき,消弧リアクトルのタップを変えると,残留電圧による消弧リアクトル電流または零相電圧の大きさが変化する.この関係は直列共振曲線と呼ばれる.

消弧リアクトル電流

図 4・10 より消弧リアクトル電流は

$$\begin{aligned}\dot{I}_{aP} &= 3\dot{I}_{0P} \\ &= \frac{3\dot{V}_r}{3(R+j\omega L)+\frac{1}{j\omega C_0}} \\ &= \frac{3j\omega C_0 \dot{V}_r}{-3\omega^2 LC_0(1-jr)+1} \\ &= \frac{(3j\omega C_0 \dot{E}_a)}{\left\{\frac{(jr-1)}{k}+1\right\}}\left(\frac{\dot{V}_r}{\dot{E}_a}\right) \quad \left(\because \ 3\omega^2 LC_0=\frac{1}{k}\right)\end{aligned} \qquad (4\cdot46)$$

※ 電気学会:電気工学ハンドブック,15 編,p. 879(昭 26 − 7)

−37−

$$\frac{\dot{I}_{aP}}{\dot{I}_{aC}} = \frac{k}{k-1+jr}\left(\frac{\dot{V}_r}{\dot{E}_a}\right) \tag{4·47}$$

$$\therefore \left(\frac{I_{aP}}{I_{aC}}\right) = \frac{k}{\sqrt{(k-1)^2+r^2}}\left(\frac{V_r}{E_a}\right) \tag{4·48}$$

ここで

$$I_s = \frac{(I_{aP}/I_{aC})}{(V_r/E_a)} \tag{4·49}$$

とおけば

$$\frac{dI_s}{dk} = \frac{1+r^2-k}{\{(k-1)^2+r^2\}^{\frac{3}{2}}} = 0 \tag{4·50}$$

より，$k = 1+r^2 \fallingdotseq 1$ のとき I_s は最大値

$$I_{s\max} \fallingdotseq \frac{1}{r} \tag{4·51}$$

をとる．図4·11は直列共振曲線の例を示しており，I_s または I_{aP} が最大となる点が $k \fallingdotseq 1$，すなわち合調度100％であり，その点の消弧リアクトルタップ電流が3線一括対地充電電流に等しい．このようにして消弧リアクトルの直列共振試験により共振タップが求められる．

共振タップ

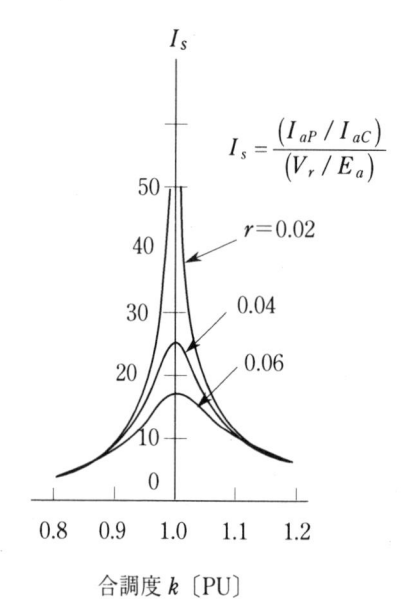

図4·11 直列共振曲線（(4·48)式）

(3) 並列共振曲線

並列共振曲線

並列抵抗を開放しておき，消弧リアクトルのタップを変えると，1線地絡故障電流の大きさが変化する．タップ定格電流と1線地絡電流の関係は並列共振曲線と呼ばれる．

(4·19)式より1線地絡電流 $\dot{I}_a$ と3線一括対地充電電流 $\dot{I}_{aC}$ の比は

$$\frac{\dot{I}_a}{\dot{I}_{aC}} = 1-k-jrk \tag{4·52}$$

$$\therefore \frac{I_a}{I_{aC}} = \sqrt{(1-k)^2 + r^2 k^2}$$
$$= \sqrt{(1+r^2)k^2 - 2k + 1} \tag{4・53}$$

$$\frac{d}{dk}\left(\frac{I_a}{I_{aC}}\right) = \frac{2k(1+r^2) - 2}{2\sqrt{(1+r^2)k^2 - 2k + 1}} = 0 \tag{4・54}$$

より, $k = \dfrac{1}{1+r^2} \fallingdotseq 1$ のとき $\dfrac{I_a}{I_{aC}}$ は最小値

$$\left(\frac{I_a}{I_{aC}}\right)_{\min} = r \tag{4・55}$$

をとる. **図4・12**は並列共振曲線の例を示しており, I_a が最小となる点が $k \fallingdotseq 1$, すなわち, 合調度100%で共振タップとなる.

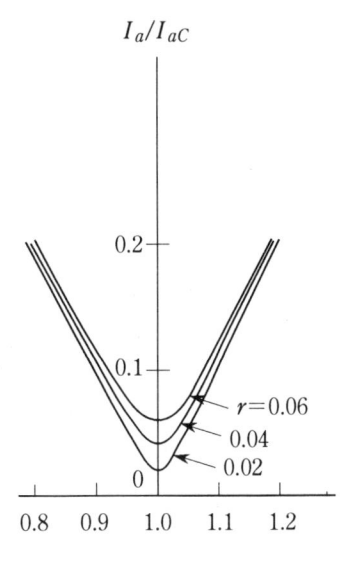

共振タップ

図4・12 並列共振曲線（(4・53)式）

直列共振タップ電流

並列共振点と直列共振点は，消弧リアクトルの抵抗分が少ないのでほとんど一致するはずであるが，実際の消弧リアクトルでは，磁気飽和の影響により，直列共振タップ電流の方が大きく出る傾向がある．これは，並列共振時には，消弧リアクトルにはほぼ定格電圧が印加されて磁気飽和が現れているが，直列共振時には消弧リアクトル電圧が，定格電圧よりもかなり低く磁気飽和が現れない．したがって，同一タップでも直列共振時の方がリアクタンスが大きくなり，その分だけ高い電流タップ側に共振点が移るためである．

4・5 変圧器二次側移行電圧

図4・13(a)のように3巻線変圧器の二次側中性点を消弧リアクトルで接地してあり，一次側中性点も抵抗接地または直接接地してある場合には，一次側地絡事故時に変圧器を通して零相電圧が二次側に移行して異常電圧を生ずることがある．

一次側1線地絡時の零相等価回路は同図(b)となる．

4 消弧リアクトル接地系統の故障現象

(1) 並列抵抗開放時

一，二次側零相電流を $\dot{I}_{01}$, $\dot{I}_{02}$ とすれば，

$$\dot{I}_{02} = \frac{jx_3 \dot{I}_{01}}{jx_3 + \left\{ jx_2 + 3(R+j\omega L) + \dfrac{1}{j\omega C_0} \right\}} \tag{4.56}$$

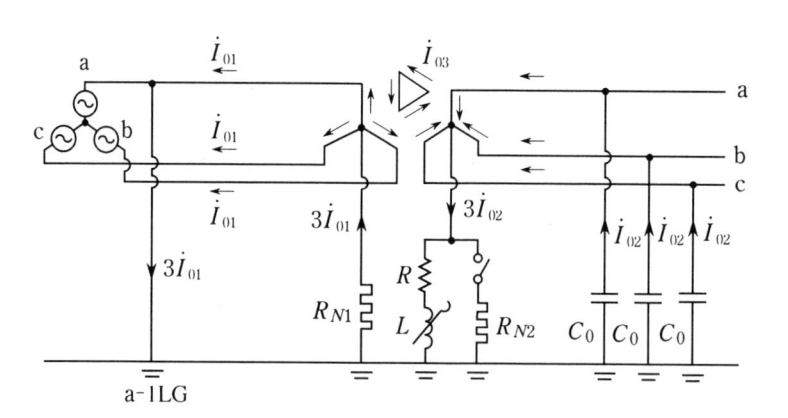

(a) 三相回路

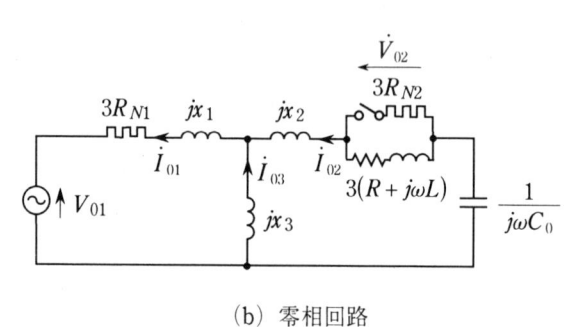

(b) 零相回路

図 4·13* 変圧器二次側移行電圧

x_1, x_2, x_3 は変圧器の一，二，三次漏れリアクタンスである．二次側零相電圧 $\dot{V}_{02}$ は，

$$\dot{V}_{02} = -3(R+j\omega L)\dot{I}_{02}$$
$$= -\frac{3jx_3(R+j\omega L)\dot{I}_{01}}{j(x_2+x_3)+3(R+j\omega L)-\dfrac{j}{\omega C_0}} \tag{4.57}$$

したがって，一次側故障条件から $\dot{I}_{01}$ が与えられれば，

$$x_2 + x_3 + 3\omega L - \frac{1}{\omega C_0} = 0 \tag{4.58}$$

のとき $\dot{V}_{02}$ は次の最大値をとる．

$$\dot{V}_{02\max} = -\frac{jx_3(R+j\omega L)\dot{I}_{01}}{R}$$
$$\fallingdotseq \frac{x_3 I_{01}}{r} \quad (\because\ R \ll \omega L) \tag{4.59}$$

-40-

4・5 変圧器二次側移行電圧

すなわち，$\dot{I}_{01}$ による三次巻線の電圧降下 $x_3 \dot{I}_{01}$ が $\frac{1}{r}$ 倍に拡大されて，二次側零相電圧となる．通常 x_2，x_3 は $3\omega L$，$\frac{1}{\omega C_0}$ に比べて充分小さいから，(4・58)式の共振条件は $3\omega L \fallingdotseq \frac{1}{\omega C_0}$，すなわち，ほぼ100%補償付近で発生しやすい．

(2) 並列抵抗投入時

図4・13(b)で R_{N2} 投入時は，(4・57)式で，

$$3(R+j\omega L) \to \frac{9R_{N2}(R+j\omega L)}{3(R_{N2}+R+j\omega L)} \fallingdotseq \frac{3j\omega L R_{N2}}{R_{N2}+j\omega L}$$

と置換えて

$$\dot{V}_{02} = -\frac{jx_3\left(\dfrac{3j\omega L R_{N2}}{R_{N2}+j\omega L}\right)\dot{I}_{01}}{j(x_2+x_3)+\dfrac{3j\omega L R_{N2}}{R_{N2}+j\omega L}-\dfrac{j}{\omega C_0}}$$

$$= -\frac{3x_3 j\omega L R_{N2}\dot{I}_{01}}{\left(x_2+x_3-\dfrac{1}{\omega C_0}\right)(R_{N2}+j\omega L)+3\omega L R_{N2}}$$

$$= -\frac{3x_3 j\omega L R_{N2}\dot{I}_{01}}{\left(x_2+x_3+3\omega L-\dfrac{1}{\omega C_0}\right)R_{N2}+j\omega L\left(x_2+x_3-\dfrac{1}{\omega C_0}\right)}$$

$$= \frac{3x_3 R_{N2}\dot{I}_{01}}{\left(\dfrac{1}{\omega C_0}-x_2-x_3\right)+j\left(x_2+x_3+3\omega L-\dfrac{1}{\omega C_0}\right)\dfrac{R_{N2}}{\omega L}} \tag{4・60}$$

したがって，L を変数とみれば，(4・58)式の共振条件が成り立ったとき V_{02} は次の最大値をとる．

$$V_{02\mathrm{max}} = \frac{3x_3 R_{N2} I_{01}}{\dfrac{1}{\omega C_0}-x_2-x_3}$$

$$\fallingdotseq 3x_3 \omega C_0 R_{N2} I_{01} \quad \left(\because |x_2|,\ |x_3| \ll \frac{1}{\omega C_0}\right)$$

$$= x_3 I_{01}\left(\frac{I_{aC}}{I_{aR}}\right) \quad \left(\because I_{aC}=3\omega C_0 E_a,\ I_{aR}=\frac{E_a}{R_{N2}}\right) \tag{4・61}$$

抵抗電流 I_{aR} は，充電電流 I_{aC} と同程度またはそれ以上にとることが多いから，$\left(\dfrac{I_{aC}}{I_{aR}}\right)<1$ とすれば，

$$V_{02\mathrm{max}} < x_3 I_{01} \tag{4・62}$$

すなわち二次側最大零相電圧は，一次側零相電流 I_{01} による三次巻線電圧降下以下に抑制され，これは通常問題とならない程度の小さな値となる．

以上より，変圧器二次側消弧リアクトル系統への移行による異常電圧を防止するためには，次のような対策が有効となる．

(a) 二次側で消弧リアクトル接地をした変圧器の一次側中性点は非接地とし，一次側接地は他の変圧器でする．

4　消弧リアクトル接地系統の故障現象

(b) 一次側直接接地で大きな零相電流が流れるような場合には，当該変圧器二次中性点には消弧リアクトルを設置せず二次側に別に接地用変圧器を設けて消弧リアクトル接地する．

(c) 二次側を中性点並列抵抗で接地する．ただし，並列抵抗開放中は，移行電圧を防止できない．

(d) 消弧リアクトルの使用タップを，共振点から大幅にずらす．ただし消弧作用は低下する．

〔問題　6〕　154/66kV，100MVAのYY△変圧器の一次側中性点を200Aの高抵抗接地R_{N1}，二次側を消弧リアクトル接地している場合，154kV側1線地絡時に二次側に移行する最大零相電圧を求めよ．また，二次側中性点に100Aの並列抵抗R_{N2}を使用している場合はどうか．

ただし，二次側系統の3線一括対地充電電流は100A，消弧リアクトルの抵抗分は2％，変圧器漏れリアクタンスは，100MVA基準で，$x_1=13\%$，$x_2=-1\%$，$x_3=5\%$とする．

〔解答〕　154kV，66kV，100MVA基準単位法表示で，154kV側1線地絡時のR_{N1}の零相電流　I_{01}は，

$$I_{01} = \frac{200\text{A}}{3} = \frac{200}{3}\left(\frac{100 \times 10^3}{\sqrt{3} \times 154}\right) \text{〔PU〕}$$
$$= 0.1779\text{PU}$$

(a) R_{N2}開放時は(4・59)式で，$x_3=0.05$ PU，$r=0.02$として，

$$V_{02\max} = \frac{x_3 I_{01}}{r} = \frac{0.05 \times 0.1779}{0.02} = 0.445 \text{〔PU〕}$$
$$= 0.445 \times \frac{66}{\sqrt{3}} = 17.0 \text{〔kV〕}$$

すなわち66kV側には44.5〔％〕，17.0〔kV〕の零相電圧が現れる．

(b) R_{N2}投入時は，(4・61)式で，$I_{aC}=100$〔A〕，$I_{aR}=100$〔A〕として，

$$V_{02\max} = x_3 I_{01}\left(\frac{I_{aC}}{I_{aR}}\right) = 0.05 \times 0.1779 \times \left(\frac{100}{100}\right)$$
$$= 0.0089 \text{〔PU〕} = 0.3 \text{〔kV〕}$$

4・6　微地絡現象

微地絡故障　　樹木接触や雪害などによる地絡事故時には，送電線の1線がきわめて大きな故障点抵抗を通して大地と接続される微地絡故障となり，故障電圧・電流が小さいために保護継電器の動作が不安定となることがある．

図4・14(a)のような中性点抵抗併用の消弧リアクトル接地系統で，故障点抵抗R_Fを通してa相が1線地絡したとき，系統の零相インピーダンス$\dot{Z}_0$は，

$$\dot{Z}_0 = \cfrac{1}{\cfrac{1}{j3\omega L} + \cfrac{1}{3R_N} + j\omega C_0} \tag{4.63}$$

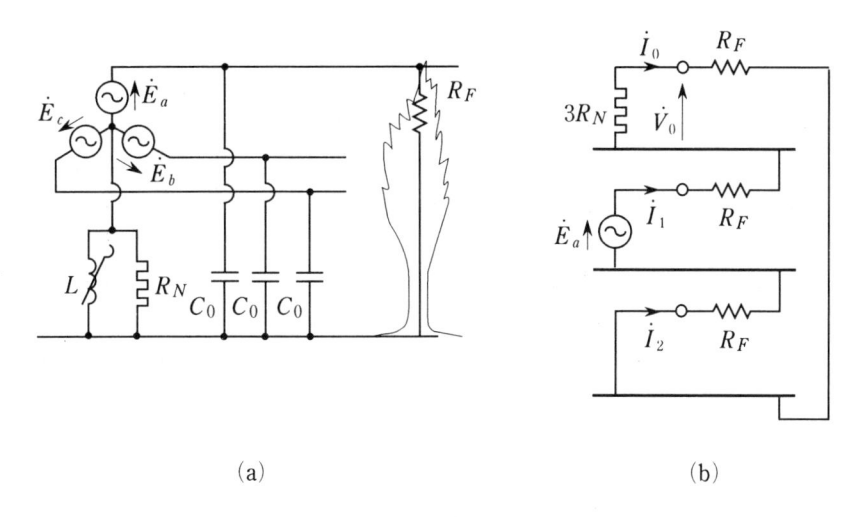

(a)　　　　　　　　　　　(b)

図 4・14　微地絡時の等価回路

簡単のために消弧リアクトルの抵抗分は省略する．通常，補償度はほぼ100％で $\cfrac{1}{3\omega L} \fallingdotseq \omega C_0$ であるから

$$\dot{Z}_0 \fallingdotseq 3R_N \tag{4.64}$$

$Z_0 \gg Z_1,\ Z_2$ であるから $\dot{Z}_1,\ \dot{Z}_2$ を省略すれば，対称分回路は同図(b)となり零相電流・電圧は，

$$\dot{I}_0 = \cfrac{\dot{E}_a}{\dot{Z}_0 + \dot{Z}_1 + \dot{Z}_2 + 3R_F} \fallingdotseq \cfrac{\dot{E}_a}{3(R_N + R_F)} \tag{4.65}$$

$$\begin{aligned}\dot{V}_0 &= -\dot{Z}_0 \dot{I}_0 \fallingdotseq -\cfrac{R_N \dot{E}_a}{R_N + R_F} \\ &= -\dot{E}_a + \cfrac{R_F \dot{E}_a}{R_N + R_F} \\ &\fallingdotseq -\dot{E}_a + 3R_F \dot{I}_0 \end{aligned} \tag{4.66}$$

$$-\dot{V}_0 \fallingdotseq 3R_N \dot{I}_0 \fallingdotseq \dot{E}_a - 3R_F \dot{I}_0 \tag{4.67}$$

$-\dot{V}_0,\ \dot{I}_0$ は $\dot{E}_a$ とほぼ同相だから，$\dot{E}_a$ を位相基準にとれば，

$$V_0 \fallingdotseq 3R_N I_0 \fallingdotseq E_a - 3R_F I_0 \tag{4.68}$$

$R_F = 0$，すなわち完全地絡時は，$V_0,\ I_0$ は最も大きくなるから，これを $V_{0m},\ I_{0m}$ と記せば

$$V_{0m} \fallingdotseq 3R_N I_{0m} \fallingdotseq E_a \tag{4.69}$$

(4.68)式の V_0 と I_0 の関係は図4・15となる．実線は $V_0 = 3R_N I_0$ を表わす．点線は $V_0 = E_a - 3R_F I_0$ において，R_F を0, R_F, R_N, $2R_N$, $3R_N$, ……と変えたときの V_0 と I_0 の関係を表わす．直線 $V_0 = E_a - 3R_F I_0$ は，$V_{0m} = E_a$, $I_{0m} = \cfrac{E_a}{3R_N}$ の点 c_0 から縦軸に平行に $\overline{c_0 a_1} = 3R_N$ となるような目盛で，$3R_F = \overline{c_0 a}$ をとり，bとaを結んで

得られる．実線と点線の交点が中性点抵抗R_N，故障点抵抗R_FのときのV_0，I_0を表す．R_Fが0，R_F，R_N，$2R_N$，……と増加するにつれて，V_0，I_0はc_0，c，c_1，c_2，……と減少し，$R_F=\infty$のとき$V_0=0$，$I_0=0$となる．

次に図4・16でR_Fを一定として，R_NがR_N，$2R_N$，$3R_N$，……と増加したときのV_0，I_0は，c，a_2，a_3，……と移動し，$R_N=\infty$，すなわち非接地のときに$V_0=E_a$，$I_0=0$となる．

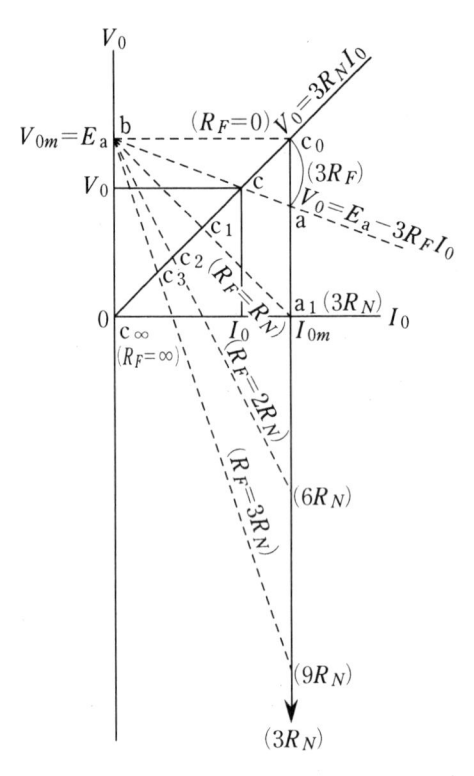

図4・15 微地絡時のV_0，I_0（R_Fの影響）

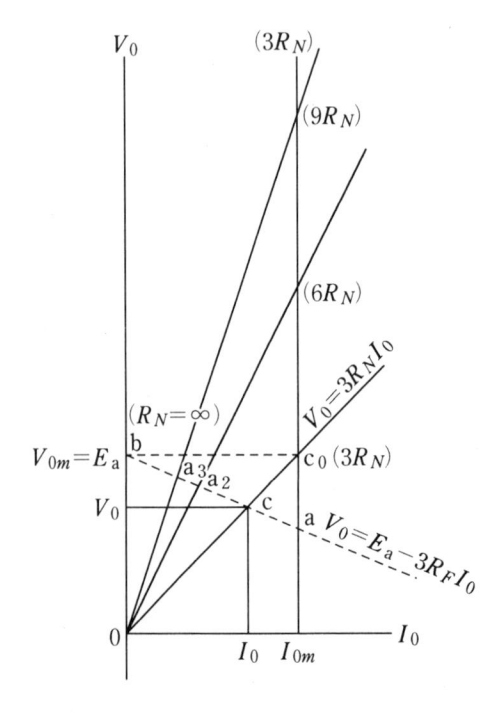

図4・16 微地絡時のV_0，I_0（R_Nの影響）

中性点抵抗R_N併用の消弧リアクトル系統で微地絡が発生した場合，R_N投入中は図4・16のc点でV_0は小さいが，微地絡が継続してR_Nが開放されると，b点に移って大きなV_0が現れることがある．

図4・15，図4・16は，高抵抗接地系においても充電電流が少ないときは，そのまま適用できる．

微地絡 このように，微地絡時には，完全地絡時に比べて，零相電圧・電流が小さく，地絡保護継電器の整定協調に留意する必要がある．

〔問題 7〕 補償度100％の66kV消弧リアクトル接地系で，381Ω（100A）の中性点並列抵抗を使用しているとき，故障点抵抗600Ωの微地絡時のV_0，I_0を求めよ．

〔解答〕 式(4・65)，(4・67)より

$$I_0 \fallingdotseq \frac{E_a}{3(R_N+R_F)} = \frac{66\,000/\sqrt{3}}{3\times(381+600)} = 12.9\text{A}$$

$$V_0 \fallingdotseq 3R_N I_0 = 3\times 381\times 12.9\times 10^{-3} = 14.7\text{kV}$$

4・7 断線時の異常電圧

消弧リアクトル接地系統では，送電線が1線または2線断線したとき，あるいは，遮断器または断路器が1相または2相のみ投入される不平衡投入状態となったときに，消弧リアクトルと送電線の対地静電容量が直列共振して異常電圧を発生することがある．

図4・17のように単純化した系統について1線または2線断線時の異常電圧を求めてみる．

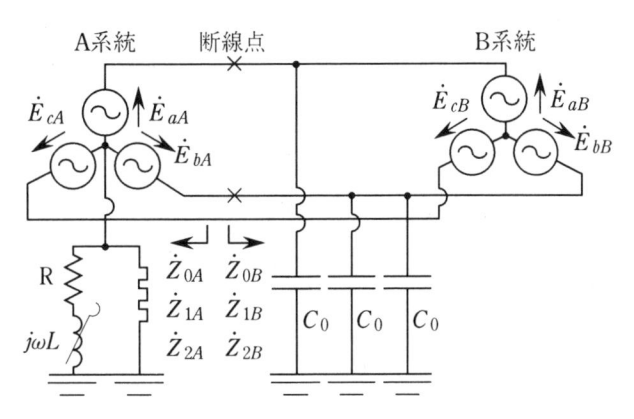

図4・17 消弧リアクトル接地系統の断線

(1) 1線断線時の異常電圧

1線断線 (a) 並列抵抗のない場合 1線断線時の対称分等価回路は図4・18(a)または同図(b)となる．断線点からみた対称分直列インピーダンスを

$$\left.\begin{array}{l}\dot{Z}_{0s} = \dot{Z}_{0A}+\dot{Z}_{0B}\\ \dot{Z}_{1s} = \dot{Z}_{1A}+\dot{Z}_{1B} = jX_{1A}+jX_{1B} = jX_{1s}\end{array}\right\} \quad (4\cdot 70)$$

4 消弧リアクトル接地系統の故障現象

$$\dot{Z}_{2s} = \dot{Z}_{2A} + \dot{Z}_{2B} = jX_{2A} + jX_{2B} = jX_{2s}$$

(a)

(b)

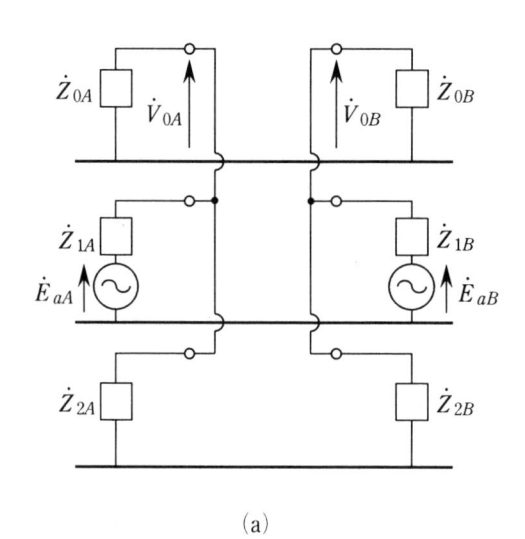

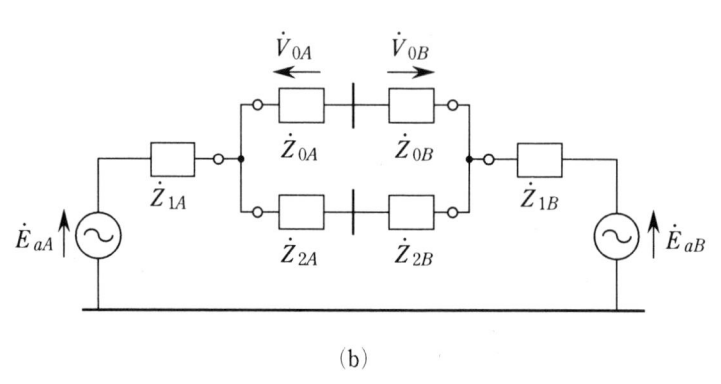

図 4・18　1線断線時の等価回路

直列起電力を

$$\dot{E}_{as} = \dot{E}_{aA} - \dot{E}_{aB} \tag{4・71}$$

とおけば，A系統の零相電圧 $\dot{V}_{0A}$ は，同図より次のように求められる.

$$\begin{aligned}
\dot{V}_{0A} &= \frac{\dfrac{\dot{Z}_{0s}\dot{Z}_{2s}}{\dot{Z}_{0s}+\dot{Z}_{2s}}\dot{E}_{as}}{\dfrac{\dot{Z}_{0s}\dot{Z}_{2s}}{\dot{Z}_{0s}+\dot{Z}_{2s}}+\dot{Z}_{1s}}\left(\dfrac{\dot{Z}_{0A}}{\dot{Z}_{0s}}\right) \\
&= \frac{\dot{Z}_{0A}\dot{Z}_{2s}\dot{E}_{as}}{\dot{Z}_{0s}\dot{Z}_{1s}+\dot{Z}_{1s}\dot{Z}_{2s}+\dot{Z}_{2s}\dot{Z}_{0s}} \\
&= \frac{\dot{Z}_{0A}\dot{E}_{as}}{2\dot{Z}_{0s}+\dot{Z}_{1s}} \quad (\because \ \dot{Z}_{1s}=\dot{Z}_{2s}) \tag{4・72}
\end{aligned}$$

ここで，消弧リアクトルのインピーダンスを $R+j\omega L=(r+j)X_L$，$X_L=\omega L$，$r=\dfrac{R}{\omega L}$ とおけば，

$$\left.\begin{aligned}
\dot{Z}_{0A} &= 3(r+j)X_L \\
\dot{Z}_{0B} &= \frac{1}{j\omega C_0}
\end{aligned}\right\} \tag{4・73}$$

$$\dot{V}_{0A} = \frac{3(r+j)X_L \dot{E}_{as}}{2\left\{3(r+j)X_L + \dfrac{1}{j\omega C_0}\right\} + jX_{1s}}$$

$$= \frac{3(r+j)X_L \dot{E}_{as}}{6rX_L + j\left(6X_L - \dfrac{2}{\omega C_0} + X_{1s}\right)}$$

$$= \frac{(r+j)\dot{E}_{as}}{2r + j\left\{2\left(1 - \dfrac{1}{3\omega C_0 X_L}\right) + \dfrac{X_{1s}}{3X_L}\right\}} \tag{4・74}$$

$$\therefore \quad V_{0A}^{\ 2} = \frac{(r^2+1)\dot{E}_{as}^{\ 2}}{4r^2 + \left\{2\left(1 - \dfrac{1}{3\omega C_0 X_L}\right) + \dfrac{X_{1s}}{3X_L}\right\}^2} \tag{4・75}$$

合調度が, ほぼ100％のときは $\dfrac{1}{3\omega C_0 X_L} \fallingdotseq 1$, $X_{1s} \ll X_L$ であるから, 上式の分母の｛ ｝=0のとき V_{0A} は次の最大値をとる ($r^2 \ll 1$).

$$V_{0A\max} = \frac{E_{as}}{2r} \tag{4・76}^*$$

たとえば消弧リアクトルの抵抗分が2％で, $r=0.02$ のときは, $V_{0A\max} = \dfrac{E_{as}}{2\times 0.02}$ $=25E_{as}$ となり, A, B両系統正相電圧の差の25倍の零相異常電圧が現れる. B系統の零相電圧 V_{0B} も同様に求められるが, 合調度100％付近のときに最大となり, (4・76) 式の値に等しくなる.

(b) 並列抵抗のある場合　中性点並列抵抗 R_N のあるときは, 消弧リアクトルの抵抗分は省略できるから, (4・72), (4・73) 式で

$$\dot{Z}_{0A} = \frac{3R_N \cdot 3jX_L}{3R_N + 3jX_L} = \frac{3jX_L R_N}{R_N + jX_L} \tag{4・77}$$

とおけば

$$\dot{V}_{0A} = \frac{\dfrac{3jX_L R_N \dot{E}_{as}}{R_N + jX_L}}{2\left\{\dfrac{3jX_L R_N}{R_N + jX_L} + \dfrac{1}{j\omega C_0}\right\} + jX_{1s}}$$

$$= \frac{\dot{E}_{as}}{2 + \left(\dfrac{2}{j\omega C_0} + jX_{1s}\right)\left(\dfrac{1}{3R_N} + \dfrac{1}{3jX_L}\right)}$$

$$= \frac{\dot{E}_{as}}{2 - \dfrac{2}{3X_L \omega C_0} + \dfrac{X_{1s}}{3X_L} - \dfrac{j}{3R_N}\left(\dfrac{2}{\omega C_0} - X_{1s}\right)} \tag{4・78}$$

X_{1s} は $3X_L$, $\dfrac{1}{\omega C_0}$ に比べて充分小さいから, 共振点に近く, $2 - \dfrac{2}{3X_L \omega C_0} + \dfrac{X_{1s}}{3X_L} = 0$ のとき

$$V_{0A\max} \fallingdotseq \frac{3\omega C_0 R_N E_{as}}{2} \tag{4・79}$$

3線一括対地充電電流は $I_{aC} = 3\omega C_0 E_a$，抵抗電流は $I_{aR} = \dfrac{E_a}{R_N}$ だから

$$V_{0A\max} \fallingdotseq \frac{I_{aC}}{2I_{aR}} E_{as} \tag{4・80}$$

$I_{aR} > (1〜3)I_{aC}$ とすれば，$V_{0A\max} < \dfrac{E_{as}}{(2〜6)}$ で，零相電圧の最大値は，両系統の正相電圧差の数分の1以下に抑制される．

2線断線

(2) 2線断線時の異常電圧

(a) 並列抵抗のない場合　対称分等価回路は図4・19(a)または同図(b)となる．A系統の零相電圧は同図より

$$\dot{V}_{0A} = -\frac{\dot{Z}_{0A}\dot{E}_{as}}{\dot{Z}_{0s} + \dot{Z}_{1s} + \dot{Z}_{2s}}$$

$$= -\frac{\dot{Z}_{0A}\dot{E}_{as}}{\dot{Z}_{0s} + 2\dot{Z}_{1s}} \quad (\because \dot{Z}_{1s} = \dot{Z}_{2s})$$

$$= -\frac{3(r+j)X_L \dot{E}_{as}}{3(r+j)X_L + \dfrac{1}{j\omega C_0} + 2jX_{1s}}$$

$$= -\frac{3(r+j)X_L \dot{E}_{as}}{3rX_L + j\left(3X_L - \dfrac{1}{\omega C_0} + 2X_{1s}\right)} \tag{4・81}$$

$$V_{0A}{}^2 = \frac{9(r^2+1)X_L{}^2 E_{as}{}^2}{(3rX_L)^2 + \left(3X_L - \dfrac{1}{\omega C_0} + 2X_{1s}\right)^2} \tag{4・82}$$

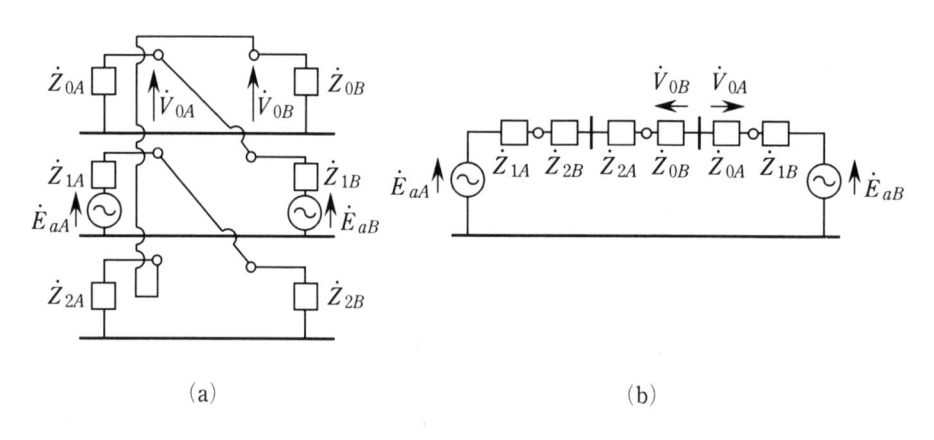

図4・19　2線断線時の等価回路

$r^2 + 1 \fallingdotseq 1$ だから，$3X_L - \dfrac{1}{\omega C_0} + 2X_{1s} = 0$ のとき V_{0A} は次の最大値となる．

$$V_{0A\max} = \frac{E_{as}}{r} \tag{4・83}$$

(b) 並列抵抗のある場合　(4・81)第2式に(4・77)式を代入して，

$$\dot{V}_{0A} = -\frac{\dfrac{3jX_L R_N}{R_N + jX_L}\dot{E}_{as}}{\dfrac{3jX_L R_N}{R_N + jX_L} + \dfrac{1}{j\omega C_0} + 2jX_{1s}}$$

$$= -\frac{\dot{E}_{as}}{1 + \left(\dfrac{1}{j\omega C_0} + 2jX_{1s}\right)\left(\dfrac{1}{3R_N} + \dfrac{1}{3jX_L}\right)}$$

$$= -\frac{\dot{E}_{as}}{1 - \dfrac{1}{3X_L \omega C_0} + \dfrac{2X_{1s}}{3X_L} - \dfrac{j}{3R_N}\left(\dfrac{1}{\omega C_0} - 2X_{1s}\right)} \quad (4\cdot 84)$$

したがって，共振点に近く，$1 - \dfrac{1}{3X_L \omega C_0} + \dfrac{2X_{1S}}{3X_L} = 0$ のとき，

$$V_{0A\max} \fallingdotseq 3R_N \omega C_0 E_{as}$$

$$= \frac{I_{aC}}{I_{aR}} E_{as} \quad (4\cdot 85)$$

となり，この場合も，並列抵抗によって零相電圧は大幅に抑制される．

<u>放射状系統</u>　　上記の諸式は，図4・17で断線点のA，B両側の系統がそれぞれ消弧リアクトルまたは対地静電容量のみからなる場合について考えたが，100％補償の放射状系統では，任意の点で系統を分割したとき，両系統をみた零相インピーダンスはほぼ並列共振条件にあるため，零相直列インピーダンスは零に近い．したがって，放射状系統ではどこで断線しても異常電圧発生の恐れがある．

　また，上記の諸式は断線点の両側系統に正相起電力（すなわち発電機）を有するものとしたが，一方の系統に発電機がない場合でも，両系統の零相インピーダンスが共振条件にあれば異常電圧発生のおそれがある．

　このような異常電圧を防止するためには，次のような対策が有効である．

(1) 中性点並列抵抗の使用
(2) 消弧リアクトルの抵抗分の増加
(3) 共振点を大幅にずらしたタップの使用

5 直接接地系統の故障現象

5・1 有効接地条件

(1) 健全相電圧上昇

直接接地系統　直接接地系統では，故障点から見た系統の零相インピーダンスは，おもに送電線と変圧器の漏れインピーダンスのみで構成されるから，正相インピーダンスと同程度の値となる．

健全相電圧上昇　直接接地系統における1線地絡時の健全相電圧上昇は図1・2または(1・9)式で，$m = \dfrac{X_0}{X_1} > 0$ であるから，概して m および $n = \dfrac{R_0}{X_1}$ が小さいほど少ない．

特に，

$$\left.\begin{array}{l} \dfrac{X_0}{X_1} \leq 3 \\[6pt] \dfrac{R_0}{X_1} \leq 1 \end{array}\right\} \tag{5・1}*$$

の場合は，健全相電圧上昇倍数は，1.3倍（常時線間電圧の75％）程度以下となるので，

有効接地系統　このような系統は有効接地系統（effectively grounded system）(注)と呼ばれる．

故障点からみた系統の X_0/X_1，R_0/X_1 は，故障点の位置，あるいは，発電機や送電線の停止の有無など，系統運転状態によって異なる．通常，発変電所の近傍で小さく，長距離送電線の中間点や，一端から充電され他端開放中の送電線の末端では大きくなる傾向がある．これは，発変電所の近くでは，系統の X_0 は直接接地変圧器の漏れリアクタンスに近くなるが，X_1 は変圧器の漏れリアクタンスに背後の発電機正相リアクタンスを加えたものとなるため X_0/X_1 は小さくなる．これに対して長距離送電線の中間点などでは，X_0，X_1 はおもに送電線のリアクタンスによって定まるが，送電線の零相，正相リアクタンスの比 X_{0l}/X_{1l} は通常3～4程度と大きいためである．

(2) 1線地絡電流と三相短絡電流

1線地絡電流　直接接地系統の1線地絡電流 $\dot{I}_{1LG}$ は，近似的に正相回路および零相回路の抵抗分

(注) AIEE Standard No.32（May. 1949）によれば，次のように定められている※．
「系統のすべての部分または系統の一部が，いかなる運転状態，およびいかなる発電機容量に対しても $\dfrac{X_0}{X_1} \leq 3$，$\dfrac{R_0}{X_1} \leq 1$ ならば，その系統または系統の部分は，有効接地されているという」

※（Westinghouse ; Electrical Transmission and Distribution Reference Book chap. 19, p.646 (1950)）

を無視すれば，

$$\dot{I}_{1LG} = \frac{3\dot{E}_a}{\dot{Z}_0 + \dot{Z}_1 + \dot{Z}_2}$$

$$\fallingdotseq \frac{3\dot{E}_a}{j(X_0 + 2X_1)} \qquad (\because\ X_1 \fallingdotseq X_2) \tag{5・2}$$

三相短絡電流 また，三相短絡電流 $\dot{I}_{3LS}$ は，

$$\dot{I}_{3LS} = \frac{\dot{E}_a}{\dot{Z}_1} \fallingdotseq \frac{\dot{E}_a}{jX_1} \tag{5・3}$$

したがって，同一故障点の1線地絡電流と三相短絡電流の間には，近似的に次の関係がある．

$$\left. \begin{array}{l} X_1 < X_0\ \text{のとき}\ I_{1LG} < I_{3LS} \\ X_1 = X_0\ \quad \text{〃}\quad I_{1LG} \fallingdotseq I_{3LS} \\ X_1 > X_0\ \quad \text{〃}\quad I_{1LG} > I_{3LS} \end{array} \right\} \tag{5・4}*$$

(5・2)(5・3) 式より

$$\frac{I_{3LS}}{I_{1LG}} \fallingdotseq \frac{\dfrac{1}{X_1}}{\dfrac{3}{X_0 + 2X_1}} = \frac{X_0 + 2X_1}{3X_1} \tag{5・5}$$

$$\therefore\ \frac{X_0}{X_1} = \frac{3I_{3LS}}{I_{1LG}} - 2 \tag{5・6}$$

高電圧階級の直接接地系統では通常，$(R_0/X_1) \leq 1$ の条件は満足されていることが多いから，$(X_0/X_1) \leq 3$ の条件を満たすためには

$$\frac{X_0}{X_1} = \frac{3I_{3LS}}{I_{1LG}} - 2 \leq 3 \tag{5・7}$$

$$\therefore\ I_{1LG} \geq 0.6 I_{3LS} \tag{5・8}$$

すなわち，有効接地条件を満足するためには，1線地絡電流は三相短絡電流の約0.6倍以上でなければならないことになる．

(3) 零相電圧

零相電圧 1線地絡時の零相電圧 $\dot{V}_0$ は，抵抗分を省略すると

$$\dot{V}_0 = -\dot{Z}_0 \dot{I}_0 = -\frac{\dot{Z}_0 \dot{E}_a}{\dot{Z}_0 + \dot{Z}_1 + \dot{Z}_2}$$

$$= -\frac{X_0 \dot{E}_a}{(X_0 + 2X_1)} \tag{5・9}$$

有効接地系統では $(X_1/X_0) \geq \dfrac{1}{3}$ であるから

$$V_0 = \frac{E_a}{1 + \dfrac{2X_1}{X_0}} \leq \frac{E_a}{1 + \dfrac{2}{3}} = 0.6 E_a \tag{5・10}$$

すなわち，零相電圧は相電圧の約0.6倍以下，$X_0 = X_1$ のときは1/3倍程度となる．

5·2 故障電圧・電流分布

直接接地系統　直接接地系統では，高インピーダンス接地系統に比べて故障電流が大きく，健全相電圧上昇および零相電圧は小さい．

高インピーダンス接地系統　高インピーダンス接地系統では，1線地絡故障点の位置にかかわらず当該接地系統の全域にわたって，健全相電圧が常時の$\sqrt{3}$倍以上に上昇し，ほぼ相電圧に等しい零相電圧が発生するのに対して，直接接地系統では，健全相電圧上昇や零相電圧・電流は故障点の近傍にしか現れず，故障送電線の両端発変電所から遠ざかるに従って，故障電圧・電流は急激に減少する．すなわち直接接地系統の地絡故障現象は高インピーダンス接地系統に比べると故障点の近傍に限定され局所的である（**図5·1**）．また，故障時の異常電圧なども高インピーダンス接地系統に比べて少ない．

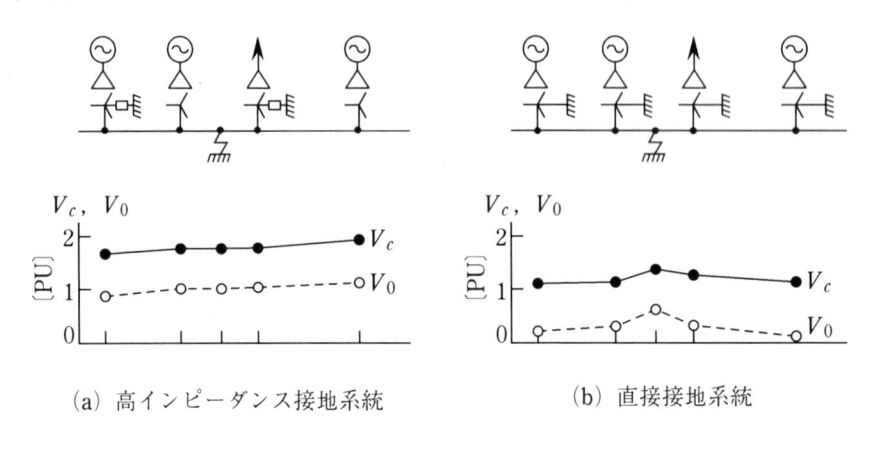

(a) 高インピーダンス接地系統　　(b) 直接接地系統

図5·1　1線地絡時の健全相電圧V_cと零相電圧V_0分布

したがって，高インピーダンス接地系統では，系統拡大に伴って，異常電圧などの問題が生じ，また，地絡故障電流が少ないために故障区間を選択遮断する保護継電方式面などから，系統構成が制約される傾向があるのに対して，直接接地系統では，地絡電流の増加に伴う通信誘導障害などの問題に対処すれば，系統構成上の制約は少なく，比較的自由に系統連系拡大が可能となる．

また高インピーダンス接地系統では，1線地絡時にも線間電圧は常時とほとんど変わらないのに対して，直接接地系統では線間電圧が低下するので，故障が継続すると送電電力が減少して発電機の動揺が大きくなることがある．この問題は，故障遮断の高速化によって解決されている．

6 多回線併架送電線の異常電圧

6・1 静電誘導電圧

静電誘導電圧　　同一鉄塔に2回線以上の多回線送電線を併架した送電線では他回線からの静電誘導電圧を生ずる．

n 相の導体からなる多回線併架送電線の静電誘導電圧・電流は，一般に次のように表わせる．

$$\dot{V}_i = \sum_{j=1}^{n} \dot{z}_{ij} \dot{I}_j \quad (i = 1 \sim n) \tag{6・1}*$$

ここに，$\dot{V}_i$：導体 i の電圧〔V〕

$\dot{I}_j$：導体 j の単位亘長あたりの充電電流〔A/m〕

$$\dot{z}_{ii} = \frac{1}{2\pi\varepsilon_0 j\omega} \log_\varepsilon \frac{2h_i}{R_i'} \quad 〔\Omega m〕$$

$$\dot{z}_{ij} = \frac{1}{2\pi\varepsilon_0 j\omega} \log_\varepsilon \frac{F_{ij}}{D_{ij}}$$

$$\fallingdotseq \frac{1}{2\pi\varepsilon_0 j\omega} \log_\varepsilon \frac{2\sqrt{h_i h_j}}{D_{ij}} \quad 〔\Omega m〕 \quad (i \neq j)$$

h_i, h_j：導体 i, j の地上高〔m〕

R_i'：導体 i の等価半径〔m〕，単導体送電線の場合は電線半径に等しい．

D_{ij}：導体 i, j 間距離〔m〕

F_{ij}：導体 i と導体 j の大地面に対する影像間の距離〔m〕

$\varepsilon_0 = \dfrac{1}{4\pi \times 9 \times 10^9}$ 〔F/m〕：真空中の誘電率

$\omega = 2\pi f$, f：周波数

たとえば図6・1のような4回線併架送電線で架空地線を2条有する場合は $n=14$ で，上式は14個の複素一次連立方程式となる．この送電線で，導体10，11，12からなる第Ⅳ回線が，両端遮断器を開放して停止し，接地を取付けていない場合，別の運転中の3回線からの静電誘導電圧を求めるためには，

$$\left.\begin{aligned}\dot{V}_1 &= \dot{V}_a \\ \dot{V}_2 &= \dot{V}_b \\ \dot{V}_3 &= \dot{V}_c\end{aligned}\right\} \quad \left.\begin{aligned}\dot{V}_4 &= \dot{V}_a{}' \\ \dot{V}_5 &= \dot{V}_b{}' \\ \dot{V}_6 &= \dot{V}_c{}'\end{aligned}\right\} \quad \left.\begin{aligned}\dot{V}_7 &= \dot{V}_a{}'' \\ \dot{V}_8 &= \dot{V}_b{}'' \\ \dot{V}_9 &= \dot{V}_c{}''\end{aligned}\right\} \tag{6・2}$$

$$\left.\begin{array}{l}\dot{V}_{13}=\dot{V}_{14}=0 \quad (架空地線)\\ \dot{I}_{10}=\dot{I}_{11}=\dot{I}_{12}=0\end{array}\right\} \quad (6\cdot 3)$$

とおけば，$(6\cdot 2)$式の運転中回線の電圧は既知であるから，$\dot{I}_1$, $\dot{I}_2$, $\dot{I}_3$, $\dot{I}_4$, $\dot{I}_5$, $\dot{I}_6$, $\dot{I}_7$, $\dot{I}_8$, $\dot{I}_9$, $\dot{V}_{10}$, $\dot{V}_{11}$, $\dot{V}_{12}$, $\dot{I}_{13}$, $\dot{I}_{14}$ の14個の未知数からなる複素連立一次方程式となり，これを解いて，静電誘導電圧 $\dot{V}_{10}$, $\dot{V}_{11}$, $\dot{V}_{12}$ が求められる．また，第Ⅳ回線が接地されている場合は，$(6\cdot 3)$式の第2式の代りに，$\dot{V}_{10}=\dot{V}_{11}=\dot{V}_{12}=0$ とおけば，$\dot{I}_1 \sim \dot{I}_{14}$ が求められる．

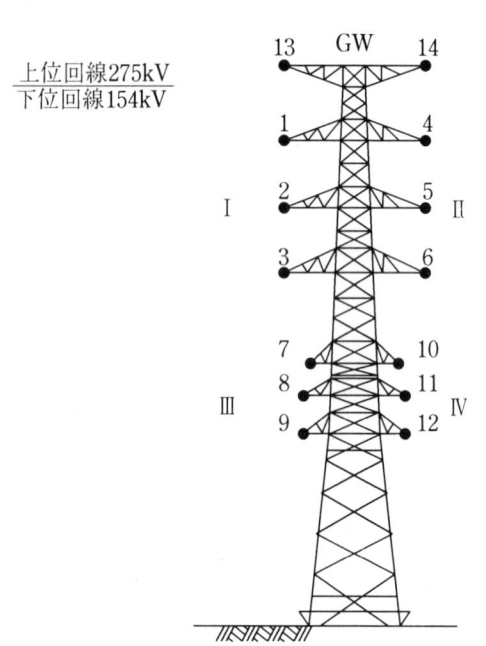

図6・1　4回線併架送電線

静電誘導電圧・電流　このようにして，送電線の各種運転，停止状態に対して，静電誘導電圧・電流が求められる．静電誘導電流は送電亘長に比例するが，静電誘導電圧は送電線が極端に長くない場合は亘長によって変わらない．

6・2　異系統併架消弧リアクトル系統の共振

消弧リアクトル接地系統　運転中の送電線間の静電容量は，通常問題となることは少ないが，消弧リアクトル接地系統では，回線間の静電容量を通して零相電圧が移行し，共振による異常電圧を発生することがある．

図6・2は，接地系統の異なるA，B両系統の送電線が同一鉄塔に併架されているときの零相回路を表わす．B系統で，地絡故障や送電線の各相静電容量の不平衡によって零相電圧 $\dot{V}_{0B}$ が発生したとき，回線間の零相静電容量 C_{AB0} を通して消弧リアク

零相電圧　トル接地のA系統に移行する零相電圧 $\dot{V}_{0A}$ は次のようにして求められる．

消弧リアクトルのインピーダンスを

6・2 異系統併架消弧リアクトル系統の共振

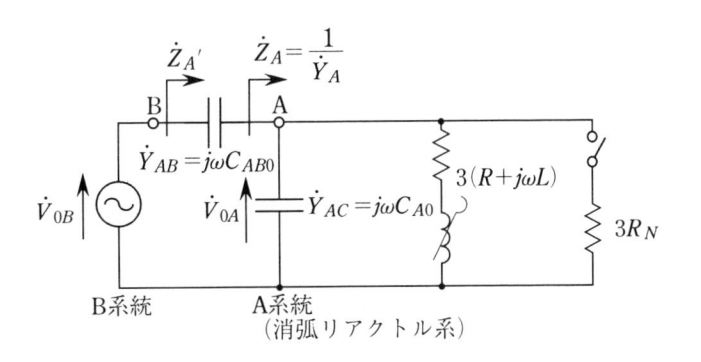

図6・2 異系統併架消弧リアクトル系の零相回路

$$R + j\omega L = \omega L(r+j) \quad \left(r = \frac{R}{\omega L}\right) \tag{6・4}$$

中性点並列抵抗をR_N，対地静電容量C_{A0}による零相アドミタンスを$\dot{Y}_{AC} = j\omega C_{A0}$とすれば，A系統の零相アドミタンス$\dot{Y}_A$は，

$$\begin{aligned}\dot{Y}_A &= \frac{1}{3R_N} + \dot{Y}_{AC} + \frac{1}{3\omega L(r+j)} \\ &\fallingdotseq \frac{1}{3R_N} + jY_{AC} + Y_L(r-j) \quad \left(Y_L = \frac{1}{3\omega L}\right)\end{aligned} \tag{6・5}$$

したがって，

$$\begin{aligned}\frac{\dot{V}_{0A}}{\dot{V}_{0B}} &= \frac{\dot{Z}_A}{\dot{Z}_A'} = \frac{\dfrac{1}{\dot{Y}_A}}{\dfrac{1}{\dot{Y}_A} + \dfrac{1}{\dot{Y}_{AB}}} = \frac{\dot{Y}_{AB}}{\dot{Y}_{AB} + \dot{Y}_A} \\ &= \frac{jY_{AB}}{jY_{AB} + jY_{AC} - jY_L + rY_L + \dfrac{1}{3R_N}}\end{aligned} \tag{6・6}$$

ここに，$\dot{Y}_{AB} = j\omega C_{AB0}$：A，B系統間の零相アドミタンス

$\dot{Z}_A = \dfrac{1}{\dot{Y}_A}$：A系統の零相インピーダンス

$\dot{Z}_A'$：B系統からA系統側をみた零相インピーダンス

$$\therefore \frac{V_{0A}^2}{V_{0B}^2} = \frac{Y_{AB}^2}{\left(\dfrac{1}{3R_N} + rY_L\right)^2 + (Y_{AB} + Y_{AC} - Y_L)^2} \tag{6・7}$$

$$\frac{d}{dY_L}\left(\frac{V_{0A}^2}{V_{0B}^2}\right) = -\frac{2Y_{AB}^2\left\{\left(\dfrac{1}{3R_N} + rY_L\right)r - (Y_{AB} + Y_{AC} - Y_L)\right\}}{\left\{\left(\dfrac{1}{3R_N} + rY_L\right)^2 + (Y_{AB} + Y_{AC} - Y_L)^2\right\}^2} = 0 \tag{6・8}$$

より，

$$Y_L = \frac{Y_{AB} + Y_{AC} - \dfrac{r}{3R_N}}{1 + r^2}$$

6 多回線併架送電線の異常電圧

$$\fallingdotseq Y_{AB} + Y_{AC} \quad \left(\because\ r \ll 1,\ Y_{AB} + Y_{AC} \gg \frac{r}{3R_N}\right) \tag{6・9}$$

のとき，$\dfrac{V_{0A}}{V_{0B}}$ は次の最大値をとる．

$$\left(\frac{V_{0A}}{V_{0B}}\right)_{\max} = \frac{Y_{AB}}{\dfrac{1}{3R_N} + r(Y_{AB} + Y_{AC})} \tag{6・10}$$

したがって，

(1) 中性点並列抵抗使用時 ($R_N \neq \infty$)

$$\left(\frac{V_{0A}}{V_{0B}}\right)_{\max} = 3R_N Y_{AB} \quad (\because\ r \ll 1) \tag{6・11}*$$

(2) 中性点並列抵抗不使用時 ($R_N = \infty$)

$$\left(\frac{V_{0A}}{V_{0B}}\right)_{\max} = \frac{Y_{AB}}{r(Y_{AB} + Y_{AC})} \tag{6・12}*$$

〔問題 8〕3線一括対地充電電流60Aの66kV，50Hz消弧リアクトル接地系統（A系統）において，10kmにわたり異系統（B系統）と併架されている．B系統に1線地絡が発生したとき，A系統には最大どの程度の零相電圧が移行するか，両系統の零相電圧の比率を求めよ．

また，A系統に定格電流100Aの中性点抵抗を使用した場合はどうか．

ただし，消弧リアクトルの損失率は2％，併架区間の零相回路相互静電容量は，$C_{AB0} = 0.0015$〔μF/km〕とする．

〔解答〕

(1) 中性点抵抗不使用時

$$Y_{AB} = \omega C_{AB0} L_{AB} = (2 \times 3.1416 \times 50) \times (0.0015 \times 10^{-6}) \times 10$$
$$= 4.712 \times 10^{-6}\ \text{〔S〕}$$

(L_{AB}：併架区間亘長〔km〕)

A系統の零相充電電流 $I_A = \dfrac{60}{3} = 20\text{A}$ であるから，

$$Y_{AC} = \frac{I_A}{E_a} = \frac{20}{(66/\sqrt{3}) \times 10^3} = 524.9 \times 10^{-6}\ \text{〔S〕}$$

$r = 0.02$

これらを (6・12) 式に代入して

$$\left(\frac{\dot{V}_{0A}}{\dot{V}_{0B}}\right)_{\max} = \frac{Y_{AB}}{r(Y_{AB} + Y_{AC})}$$

$$= \frac{4.712 \times 10^{-6}}{0.02 \times (4.712 \times 10^{-6} + 524.9 \times 10^{-6})} = 0.445$$

すなわち V_{0A} は V_{0B} の最大0.445倍となる．

(2) 中性点抵抗使用時

$$R_N = \frac{E_a}{I_N} = \frac{(66/\sqrt{3}) \times 10^3}{100} = 381 \,[\Omega]$$

したがって，(6・11) 式より

$$\left(\frac{V_{0A}}{V_{0B}}\right)_{max} = 3R_N Y_{AB} = 3 \times 381 \times 4.712 \times 10^{-6} = 0.0054$$

架空送電線では，2回線区間の2回線合計零相静電容量 ($2C_{00}$) は，1回線区間の零相静電容量 (C_0) の1.6倍程度であるから，A系統と等しい零相静電容量をもつすべて1回線区間からなる系統の総亘長（架空等価1回線亘長）L_Aは，

> 架空等価
> 1回線亘長

$$L_A \fallingdotseq [1回線区間亘長（異系統併架区間を含む）]$$
$$+ (2回線区間亘長) \times 1.6 \tag{6・13}$$

となる（これは，A系統の零相静電容量を架空1回線1kmあたりの静電容量で割った値に等しい）．異系統併架区間亘長を L_{AB} [km]，零相回路相互静電容量を C_{0m} [F/km]，1回線区間の零相静電容量を C_0 [F/km] とすれば，

$$\left.\begin{array}{l} Y_{AB} = \omega C_{0m} L_{AB} \\ Y_{A0} = \omega C_0 L_A \end{array}\right\} \tag{6・14}$$

となるから，(6・12) 式は，

$$\left(\frac{V_{0A}}{V_{0B}}\right)_{max} = \frac{C_{0m} L_{AB}}{r(C_{0m} L_{AB} + C_0 L_A)} \tag{6・15}$$

$\dfrac{C_{0m}}{C_0} = 0.2 \sim 0.3$ 程度であり，通常 $C_{0m} L_{AB} \ll C_0 L_A$ であるから，

$$\left(\frac{V_{0A}}{V_{0B}}\right)_{max} \fallingdotseq \left(\frac{0.2 \sim 0.3}{r}\right)\left(\frac{L_{AB}}{L_A}\right) \tag{6・16}$$

となる．たとえば，損失率2%，併架区間亘長がA系統の架空等価1回線亘長の10%で，中性点抵抗開放時には，

$$\left(\frac{V_{0A}}{V_{0B}}\right)_{max} = \left(\frac{0.2 \sim 0.3}{0.02}\right) \times 0.1 = 1 \sim 1.5$$

となる．実際は消弧リアクトルの飽和により，消弧リアクトルの定格電圧以上の異常電圧はかなり抑制される．

> 異系統併架消弧
> リアクトル系
> 共振異常電圧

異系統併架消弧リアクトル系の共振異常電圧は，通常，中性点抵抗投入時は問題とならない．中性点抵抗開放時の異常電圧を防止するためには，併架区間の短縮，消弧リアクトル抵抗分の増加（または直列抵抗の追加）などが有効である．

> 消弧リアクトル
> 共振タップ

なお，異系統併架時の消弧リアクトル共振タップは，図6・3の零相回路でA端子から見た零相アドミタンス=0（消弧リアクトルなどの抵抗分を考慮する場合は，同アドミタンス最小），すなわち，

$$\dot{Y}_A + \frac{\dot{Y}_{AB} \dot{Y}_B}{\dot{Y}_{AB} + \dot{Y}_B} = 0 \tag{6・17}$$

として求められるが，通常，$Y_{AB} \ll Y_A$, Y_Bであるから，併架されるB系統の影響は無視してA系統のみの共振条件$\dot{Y}_A = 0$とほとんど差はない．(6・17)式はA，B系統の周波数が異なる場合も同様である．

図6・3 異系統併架時の零相回路
B系統　　A系統（消弧リアクトル系統）

6・3 電磁誘導電圧

電磁誘導電圧　　同一鉄塔に併架されたn相の導体からなる多回線送電線で，単位亘長あたりの電磁誘導電圧は，次のように表わせる．

$$\dot{V}_{id} = \sum_{j=1}^{n} \dot{z}_{ije} \dot{I}_j \qquad (i = 1 \sim n) \tag{6・18}*$$

ここに，

$\dot{V}_{id}$：導体iの電磁誘導電圧〔V/km〕

$\dot{I}_j$：導体jの電流〔A〕

$\dot{z}_{iie}$：導体iの1kmあたりの大地帰路自己インピーダンス

$$= r_{ci} + r_e + j0.46052 \times 10^{-3} \omega \log_{10} \frac{D_e}{R_i} \quad \text{〔Ω/km〕}$$

$\dot{z}_{ije}$：導体i, j間の1kmあたりの大地帰路相互インピーダンス

$$= r_e + j0.46052 \times 10^{-3} \omega \log_{10} \frac{D_e}{D_{ij}} \quad \text{〔Ω/km〕}$$

r_{ci}, r_e：導体iおよび大地帰路回路の抵抗〔Ω/km〕

D_e：大地帰路電流の深さ〔m〕

R_i：導体iの幾何学的平均半径〔m〕

D_{ij}：導体i, j間距離〔m〕　　$(i \neq j)$

ω：$2\pi f$, f：周波数〔Hz〕

上式によって，送電線の運転または停止中の電磁誘導電圧が求められる．たとえば図6・1の4回線併架送電線で，第Ⅳ回線が片端遮断器を開放中，他回線からの電磁誘導電圧は，

$$\left.\begin{array}{l} \dot{V}_{10d} = \displaystyle\sum_{j=1}^{14} \dot{z}_{10je} \dot{I}_j \\[2mm] \dot{V}_{11d} = \displaystyle\sum_{j=1}^{14} \dot{z}_{11je} \dot{I}_j \end{array}\right\} \tag{6・19}$$

6·3 電磁誘導電圧

$$\dot{V}_{12d} = \sum_{j=1}^{14} \dot{z}_{12je} \dot{I}_j$$

ここで，運転中の送電線電流 $\dot{I}_1 \sim \dot{I}_9$ は既知，停止回線は $\dot{I}_{10} = \dot{I}_{11} = \dot{I}_{12} = 0$ であり，架空地線電流 $\dot{I}_{13}$, $\dot{I}_{14}$ は，

架空地線電流

$$\left. \begin{array}{l} \dot{V}_{13} = \displaystyle\sum_{j=1}^{14} \dot{z}_{13je} \dot{I}_j = 0 \\ \dot{V}_{14} = \displaystyle\sum_{j=1}^{14} \dot{z}_{14je} \dot{I}_j = 0 \end{array} \right\} \tag{6·20}$$

から求まる．これら電流を $(6·19)$ 式に代入して，$\dot{V}_{10d}$, $\dot{V}_{11d}$, $\dot{V}_{12d}$ が求まる．

〔問題 9〕図 6·4 の平行2回線送電線で2号線を1端接地，他端開放したときに，1号線電流が次の場合について，2号線の開放端に現れる1kmあたりの電磁誘導電圧を求めよ．

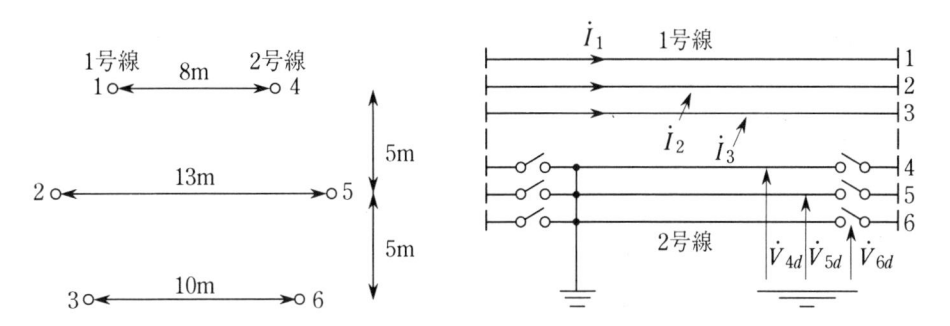

電線：ACSR 330mm², 50Hz, 大地導電率 20 〔mΩ/m〕, 大地帰路相互リアクタンス 〔Ω/km〕；$x_{12} = x_{45} = 0.2998$, $x_{13} = x_{46} = 0.2629$, $x_{14} = 0.2773$, $x_{15} = x_{24} = 0.2538$, $x_{16} = x_{34} = 0.2446$, $x_{23} = x_{56} = 0.3041$, $x_{25} = 0.2468$, $x_{26} = x_{35} = 0.2490$, $x_{36} = 0.2633$, $x_{11} = x_{22} = x_{33} = x_{44} = x_{55} = x_{66} = 0.6985$（リアクタンスの添字 e は省略）

図 6·4 平行2回線送電線配置例

(1) 三相平衡電流 100A の場合
(2) a 相1線地絡電流 100A の場合（b, c 相電流 = 0）
ただし，導体間相互リアクタンスは図 6·4 のとおりとし，抵抗分は省略する．

〔解答〕
(1) 三相平衡電流 100A の場合
a 相電流を位相基準として

$$\left. \begin{array}{l} \dot{I}_1 = 100\angle 0° \ \text{〔A〕} \\ \dot{I}_2 = 100\angle 240° \ \text{〔A〕} \\ \dot{I}_3 = 100\angle 120° \ \text{〔A〕} \end{array} \right\}$$

とすれば，$\dot{I}_4 = \dot{I}_5 = \dot{I}_6 = 0$ であるから，

$$\left. \begin{array}{l} \dot{V}_{4d} = jx_{41e}\dot{I}_1 + jx_{42e}\dot{I}_2 + jx_{43e}\dot{I}_3 \\ \dot{V}_{5d} = jx_{51e}\dot{I}_1 + jx_{52e}\dot{I}_2 + jx_{53e}\dot{I}_3 \end{array} \right\}$$

6 多回線併架送電線の異常電圧

$$\dot{V}_{6d} = jx_{61e}\dot{I}_1 + jx_{62e}\dot{I}_2 + jx_{63e}\dot{I}_3$$

この式に図6・4のリアクタンスを代入して

$$\dot{V}_{4d} = 2.92\angle 74.1° \ [\text{V/km}]$$
$$\dot{V}_{5d} = 0.62\angle 107.9° \ [\text{V/km}]$$
$$\dot{V}_{6d} = 1.70\angle 223.1° \ [\text{V/km}]$$

誘導電圧の零相分は

$$\dot{V}_{0d} = \frac{1}{3}(\dot{V}_{4d} + \dot{V}_{5d} + \dot{V}_{6d}) = 0.78\angle 105.7° \ [\text{V/km}]$$

(2) a相1線地絡電流100Aの場合

$\dot{I}_1 = 100\angle 0° \ [\text{A}], \ \dot{I}_2 = \dot{I}_3 = 0 \ [\text{A}]$ として

$$\dot{V}_{4d} = 27.7\angle 90° \ [\text{V/km}]$$
$$\dot{V}_{5d} = 25.4\angle 90° \ [\text{V/km}]$$
$$\dot{V}_{6d} = 24.5\angle 90° \ [\text{V/km}]$$
$$\dot{V}_{0d} = 25.9\angle 90° \ [\text{V/km}]$$

　停止中の送電線に対する電磁誘導電圧は，送電線の作業時などに問題となるが，両端接地すれば軽減できる．運転中の送電線に対する電磁誘導電圧の零相分が大きくなると，消弧リアクトル系統で中性点抵抗開放時の直列共振や，高インピーダンス接地系統の地絡保護継電器の誤動作などに留意する必要がある．

6・4　異系統混触時の異常電圧

混触　　異なる接地系統の送電線が事故時などに混触すると低圧側の接地インピーダンスの高い系統に異常電圧を発生することがある．

混触点電流　　図6・5はA系統のc相とB系統のa'相が混触したときの等価回路で，混触点電流$\dot{I}$，c相，a'相対地電圧$\dot{V}_c$，$\dot{V}_{a'}$は次のようになる．

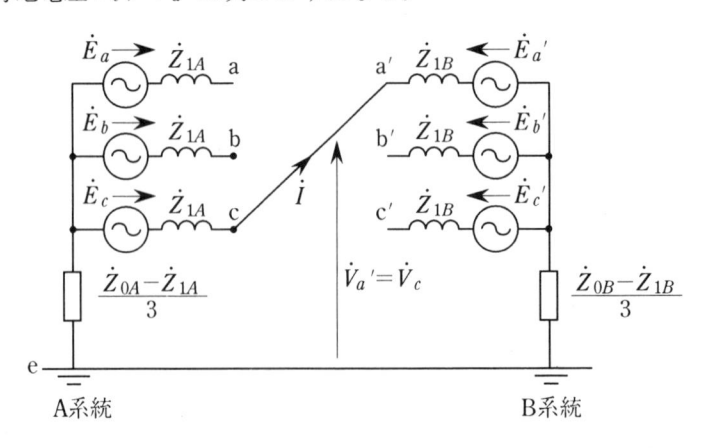

図6・5　異系統混触時の等価回路

$$\dot{I} = \frac{\dot{E}_c - \dot{E}_a'}{\left(\dot{Z}_{1A} + \frac{\dot{Z}_{0A} - \dot{Z}_{1A}}{3}\right) + \left(\dot{Z}_{1B} + \frac{\dot{Z}_{0B} - \dot{Z}_{1B}}{3}\right)}$$

$$= \frac{3(\dot{E}_c - \dot{E}_a')}{(\dot{Z}_{0A} + 2\dot{Z}_{1A}) + (\dot{Z}_{0B} + 2\dot{Z}_{1B})} = \frac{3(\dot{E}_c - \dot{E}_a')}{\dot{Z}_A + \dot{Z}_B} \quad (6\cdot21)$$

$$\dot{V}_c = \dot{V}_a' = \dot{E}_a' + \left(\dot{Z}_{1B} + \frac{\dot{Z}_{0B} - \dot{Z}_{1B}}{3}\right)\dot{I}$$

$$= \dot{E}_a' + \frac{(\dot{Z}_{0B} + 2\dot{Z}_{1B})\dot{I}}{3}$$

$$= \dot{E}_a' + \frac{\dot{Z}_B(\dot{E}_c - \dot{E}_a')}{\dot{Z}_A + \dot{Z}_B}$$

$$= \frac{\dot{Z}_A \dot{E}_a' + \dot{Z}_B \dot{E}_c}{\dot{Z}_A + \dot{Z}_B} \quad (6\cdot22)$$

ここに，$\dot{Z}_{0A}, \dot{Z}_{1A}$：混触点からみたA系統の零相，正相インピーダンス（逆相インピーダンスは正相インピーダンスに等しいものとする．B系統も同様）

$\dot{Z}_{0B}, \dot{Z}_{1B}$：混触点から見たB系統の零相，正相インピーダンス

$\dot{Z}_A = \dot{Z}_{0A} + 2\dot{Z}_{1A}$, $\dot{Z}_B = \dot{Z}_{0B} + 2\dot{Z}_{1B}$

混触点零相電圧　B系統の混触点零相電圧 $\dot{V}_0'$ は，B系統から混触点に流入する零相電流 $\dot{I}_0' = -\frac{\dot{I}}{3}$ であるから

$$\dot{V}_0' = -\dot{Z}_{0B}\dot{I}_0' = \frac{\dot{Z}_{0B}\dot{I}}{3}$$

$$= \frac{\dot{Z}_{0B}(\dot{E}_c - \dot{E}_a')}{\dot{Z}_A + \dot{Z}_B} \quad (6\cdot23)$$

たとえば，A系統が275kV直接接地系統，B系統が154kV高抵抗接地系統で，正相回路が連系されており $Z_{0A}, Z_{1A}, Z_{1B} \ll Z_{0B}$ とすれば，$Z_A \ll Z_B \fallingdotseq Z_{0B}$ となるから，

$$\left.\begin{aligned}\dot{V}_c = \dot{V}_a' &\fallingdotseq \dot{E}_c \\ \dot{V}_0' &\fallingdotseq \dot{E}_c - \dot{E}_a' \\ \dot{I} &\fallingdotseq \frac{3(\dot{E}_c - \dot{E}_a')}{\dot{Z}_{0B}}\end{aligned}\right\} \quad (6\cdot24)$$

このベクトル図は図6・6(b)のようになる．

B系統の電圧ベクトル三角形は $(\dot{E}_c - \dot{E}_a')$ だけ平行移動した形となり，c'相には $154 + \frac{275}{\sqrt{3}} = 313$ kV程度の対地異常電圧を発生する．

a, a'相の同相混触時は，同図(c)のようになり，a'相電圧が平常時の $\frac{154}{\sqrt{3}}$ kVから $\frac{275}{\sqrt{3}}$ kV程度まで上昇することになる．

6 多回線併架送電線の異常電圧

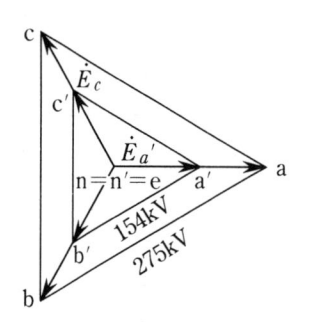

(a) 平常時

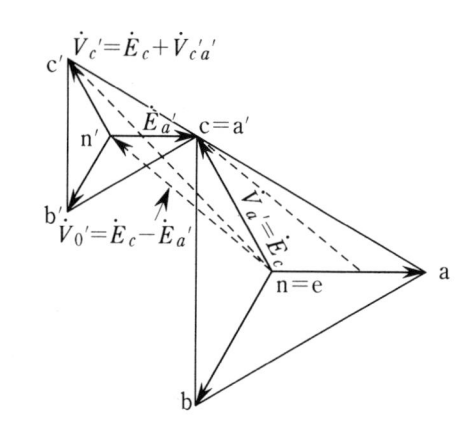

(b) ca′相混触時

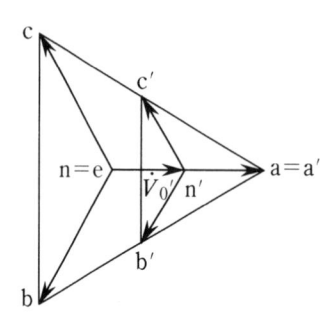

(c) aa′相混触時

a, b, c：275kV 直接接地系電圧
a′, b′, c′：154kV 高抵抗接地系電圧

図 6・6　異系統混触時の電圧ベクトル図

索 引

英字

1線断線	45
1線地絡 等価回路	16
1線地絡時 ベクトル図	9
1線地絡時 対称分電流分布	9
1線地絡時の健全相電圧上昇	10
1線地絡時の対称分等価回路	7
2線断線	48
2線地絡	5

ア行

異系統併架消弧リアクトル系	57
遠方点の健全相電圧上昇	22
遠方点電圧	24

カ行

架空地線電流	59
架空等価1回線亘長	57
過渡異常電圧	10
過渡振動電圧	11
過補償	28
回復電圧	33, 34
開閉異常電圧	12
間欠アーク地絡	11
基本波消弧	12
共振タップ	38, 39
共振異常電圧	57
共振角速度	34
共振状態	5
健全相の過電圧	4
健全相電圧上昇	3, 5, 19, 21, 50
故障時投入方式	32
故障相回復電圧	35
故障相電流	26
故障点の零相電流	17
故障点電流	22
故障電圧分布	31

故障電流の分布	31
高インピーダンス接地系統	52
高インピーダンス接地方式	3
高周波消弧	12
高抵抗接地系統	16
高抵抗接地方式	2
合成残留電圧	14
合調度	27, 34
混触	60
混触点電流	60
混触点零相電圧	61

サ行

再点弧	11
三相短絡電流	51
残留電圧	12, 36
持続性異常電圧	10
自然消弧	11
充電電流補償	26
消弧リアクトル	26, 30
消弧リアクトルの定格容量	30
消弧リアクトル共振タップ	57
消弧リアクトル接地系統	31, 54
消弧リアクトル接地方式	2
消弧リアクトル電流	37
常時投入方式	32
静電誘導電圧	53
静電誘導電圧・電流	54
接地系統	3
損失分電流	29

タ行

大地電位軌跡	35
地絡電流	17, 27
地絡方向継電器	32
中性点接地方式	1
直接接地系統	50, 52

索引

直接接地方式 3
直列共振 36
直列共振 零相回路 36
直列共振タップ電流 39
直列共振曲線 37
低抵抗接地 2
抵抗分電流 19
電圧上昇倍数 19
電磁誘導電圧 58

ナ行

二次側移行電圧 12
二次側最大零相電圧 41
二次側零相電圧 40

ハ行

非合調度 28
非接地系1線地絡現象 8
非接地系統 1, 7, 10
非接地方式 1
微地絡 45
微地絡故障 42
不足補償 28
ペテルゼン・コイル 2
並列共振曲線 38
並列抵抗投入方式 2, 32
変圧器二次側 移行電圧 40
変圧器不揃い投入 12
放射状系統 49

ヤ行

有効接地系統 50

ラ行

零相アドミタンス 55
零相インピーダンス 4, 16
零相電圧 51, 54

零相電流 3, 17
零相電流分布 9, 31, 32
零相分電圧降下 22

d‑book
中性点接地方式と故障現象

2001年6月11日　第1版第1刷発行

著　者　　新田目　倖造
発行者　　田中久米四郎
発行所　　株式会社電気書院
　　　　　東京都渋谷区富ケ谷二丁目2-17
　　　　　（〒151-0063）
　　　　　電話03-3481-5101（代表）
　　　　　FAX03-3481-5414
制　作　　久美株式会社
　　　　　京都市中京区新町通り錦小路上ル
　　　　　（〒604-8214）
　　　　　電話075-251-7121（代表）
　　　　　FAX075-251-7133

印刷所　　創栄印刷株式会社
ⓒ2001KozoAratame　　　　　　　　　Printed in Japan
ISBN4-485-42989-X　　［乱丁・落丁本はお取り替えいたします］

〈日本複写権センター非委託出版物〉

本書の無断複写は，著作権法上での例外を除き，禁じられています．
本書は，日本複写権センターへ複写権の委託をしておりません．
本書を複写される場合は，すでに日本複写権センターと包括契約をされている方も，電気書院京都支社（075-221-7881）複写係へご連絡いただき，当社の許諾を得て下さい．